RECHERCHES

SUR

LES CAUSES DES MOUVEMENTS DU CŒUR

SUR

SON INNERVATION

ET

L'INDÉPENDANCE MOTRICE

PAR

Le Dr Léon GERME

Ancien professeur à l'École de Médecine d'Arras,
Membre correspondant de la Société de Médecine de Paris

OUVRAGE ACCOMPAGNÉ DE 14 PLANCHES

PARIS
MASSON ET Cie, ÉDITEURS
LIBRAIRES DE L'ACADÉMIE DE MÉDECINE
120, Boulevard Saint-Germain

1897

RECHERCHES

SUR

LES CAUSES DES MOUVEMENTS DU CŒUR

SUR SON INNERVATION

ET

SON INDÉPENDANCE MOTRICE

RECHERCHES

SUR

LES CAUSES DES MOUVEMENTS DU CŒUR

SUR

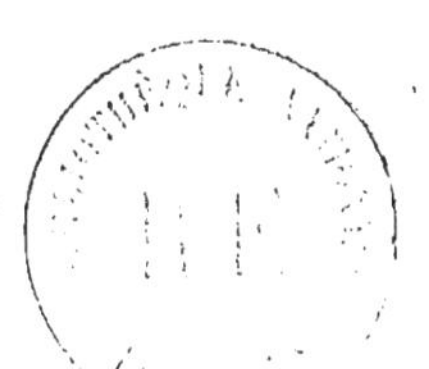

SON INNERVATION

ET

SON INDÉPENDANCE MOTRICE

PAR

Le Dr Léon GERME

Ancien professeur à l'École de Médecine d'Arras,
Membre correspondant de la Société de Médecine de Paris

OUVRAGE ACCOMPAGNÉ DE 14 PLANCHES

PARIS
G. MASSON, ÉDITEUR
LIBRAIRE DE L'ACADÉMIE DE MÉDECINE
120, Boulevard Saint-Germain

1897

A

M. le Professeur POTAIN

membre de l'institut et de l'académie de médecine

Cher Confrère et Maître,

Vous avez bien voulu honorer d'une préface élogieuse mes Recherches sur les lois de la circulation pulmonaire, etc.

Permettez-moi de vous faire hommage de ce nouveau travail qui fait suite au précédent. Il ne peut être mieux dédié qu'au grand clinicien français qui a scruté avec tant de sagacité la pathologie cardiaque.

L. G.

INTRODUCTION

En 1895 j'ai publié un ouvrage intitulé : *Recherches sur les lois de la circulation pulmonaire, sur la fonction hémodynamique de la respiration et l'asphyxie, suivies d'une étude sur le mal de montagne et de ballon.*

En 1896, j'en ai publié un second sur l'*activité de la diastole ventriculaire, sur ses causes, son mécanisme et ses applications physiologiques et pathologiques.*

L'Académie de médecine a apprécié favorablement ces travaux et m'a accordé des témoignages d'encouragement.

La presse médicale en a donné des comptes-rendus élogieux.

Je remercie l'Académie et mes confrères de la presse de leurs flatteuses appréciations et de leurs encouragements.

Aujourd'hui, je fais paraître un nouvel ouvrage *sur les causes des mouvements du cœur, sur son innervation et son indépendance motrice.* J'espère que ce travail, qui est le fruit de nombreuses et patientes recherches, ne sera pas moins apprécié que les précédents, surtout en raison de l'importance des questions qui y sont traitées, de la nouveauté des faits que je rapporte et des théories qui les expliquent.

Je ne dirai pas qu'il en est le complément; car rien n'est jamais complet en matières scientifiques ; mais il ajoute de nouvelles connaissances à celles déjà exposées dans les ouvrages précités relativement au fonctionnement de l'appareil circulatoire. Ainsi, les causes des mouvements du cœur et des variations de son rythme sont expliquées par des changements apportés dans l'*alimentation* et le *débit* des ventricules. Ces changements sont à leur tour interprétés par d'autres causes dont l'action porte sur la grande et la petite circulation. Aux mouvements diasto-systoliques des poumons dont les effets sont si puissants relativement à l'alimentation et au débit des ventricules, je fais voir qu'il faut ajouter d'autres facteurs tels que la *contraction* et la *dilatation* des vaisseaux pulmonaires. De même, je montre que la contraction ou le relâchement des organes musculaires qui se trouvent sur le parcours de la grande circulation, exercent également une grande influence sur les recettes et le débit du cœur, et par suite sur ses battements.

L'action excito-motrice du sang sur les mouvements du cœur est examinée, non-seulement au point de vue du volume des ondées sanguines qui pénètrent dans les ventricules, mais aussi sous le rapport du mouvement qui les anime, du choc et de la pression qu'elles exercent contre l'endocarde, ainsi que sous celui des propriétés excitantes que le sang peut acquérir par sa température, par sa richesse et par les substances qu'il tient parfois en dissolution.

D'autre part, il est tenu compte de l'organe excité, c'est-à-dire des propriétés d'*irritabilité* et de *contractilité* inhérentes aux éléments anatomiques du cœur, propriétés qui varient suivant une foule de circonstances.

L'innervation cardiaque est l'objet d'une étude approfondie. Je ne sais si beaucoup de médecins partagent ma pensée que je n'hésite pas à exprimer en disant que cette question est fort embrouillée, et qu'en prenant connaissance de ce qui a été écrit sur ce sujet par nombre de physiologistes, on éprouve un sentiment pénible d'ahurissement et de confusion dans les idées.

J'espère qu'il n'en sera pas de même pour les lecteurs de ce travail, dans lequel je m'efforce d'expliquer la fréquence et autres modifications des mouvements du cœur, par des causes dans lesquelles le système nerveux n'intervient pas d'une façon directe. Je suis heureux de constater qu'un de nos grands physiologistes, dont le nom restera à jamais attaché à nos connaissances sur la circulation du sang, le sympathique professeur Marey, a émis il y a bien longtemps un sentiment analogue en écrivant : « Parmi les diverses influences qui font varier la fréquence des contractions cardiaques, il en est peu, comme on va le voir, qui paraissent agir par l'intermédiaire du système nerveux de cet organe. En tout cas, ce genre d'influence est bien difficile à constater. Qu'une émotion violente, en accélérant les battements du cœur agisse sur cet organe, par ses nerfs, d'une manière directe, nous le voulons bien, quoique cela soit très contestable, comme on le verra » (1).

J'établis que le cœur n'a, avec les centres nerveux, de rapports directs qu'en ce qui concerne la sensibilité et l'action vaso-motrice ; que tout ce qui a été attribué aux nerfs *accélérateurs* et *dépresseurs* s'explique par des mécanismes qui n'agissent qu'indirectement sur le cœur en modifiant son *alimentation* et son *débit* ; et que tout ce qui a été dit sur les

(1) *Physiologie médicale de la circulation du sang*, p. 208, Paris, 1863.

effets de l'excitation des nerfs vagues, se réduit à une simple action sur l'endocarde dont l'irritabilité peut être augmentée par une excitation faible de ces nerfs, ou abolie momentanément par une irritation forte.

La conclusion que je tire de cette étude c'est que le système nerveux n'exerce directement aucune action nerveuse motrice sur les mouvements du cœur.

D'après ce qui précède, le lecteur comprendra déjà que ce travail contient de nombreuses critiques sur des faits et des théories qui semblaient acquis définitivement à la science, et qu'il en relate et en expose de nouveaux.

C'est assurément une tâche ingrate, que celle qui consiste à démontrer l'inanité d'idées généralement adoptées, pour en substituer d'autres conformes à la réalité des choses. Car, bien que nous ne vivions plus à l'époque de Galilée où, d'après lui, un gentilhomme assistant à une démonstration anatomique d'un médecin de Venise qui lui fit voir que les nerfs tirent leur origine du cerveau, de la moelle épinière, et non du cœur comme le voulait Aristote, s'écria : « J'avoue que vous m'avez fait voir très clairement le contraire, et si l'autorité d'Aristote ne s'y opposait je serais de votre avis » ; il n'en est pas moins vrai qu'il est toujours difficile de faire accepter des vérités nouvelles, au lieu et place d'erreurs consacrées par le temps et sanctionnées par l'acquiescement général.

A cet égard, j'éprouve le besoin de rappeler que Hobbes s'exprimait ainsi : « Quand les hommes ont une fois acquiescé à des opinions fausses et qu'ils les ont authentiquement enregistrées dans leur esprit, il est tout aussi impossible de leur parler intelligemment que d'écrire lisiblement sur un papier déjà brouillé d'écriture ».

Cette pensée du philosophe anglais est encore applicable, dans une certaine mesure, à notre époque.

Ces réflexions ont pour but de préparer le lecteur à prendre connaissance de ce travail, et de m'amener à lui dire que les questions qu'il renferme y sont traitées avec une entière liberté de pensée et une profonde indépendance scientifique. N'appartenant à aucune Ecole, libre de toute attache, je mets volontiers en pratique cette maxime que le président Dupaty formulait en faveur des condamnés à la roue par la Cour de Metz : « Entre les hommes qui disent telle chose est, et la nature qui dit telle chose n'est pas, il faut en croire la nature. »

D'ailleurs, qu'y a-t-il de plus noble, de plus élevé, inspirant d'aussi pures satisfactions, qu'une activité intellectuelle s'efforçant de toujours mettre la pensée en parfaite harmonie avec les phénomènes de la nature et les lois qui les régissent, et d'agir de façon à ce que le *subjectif* soit l'image exacte de l'*objectif* !

* * *

Mes recherches reposent sur des observations faites sur l'homme, sur des expériences pratiquées sur les animaux, ainsi que sur un ensemble des faits constatés par d'autres observateurs, mais qui n'en constituent pas moins, comme toujours, de précieux matériaux qui, mis sagement en œuvre, concourent puissamment à l'édification des sciences.

Dans mes observations, la plessimétrie est pour moi un mode d'investigation qui m'a fourni des résultats remarquables et sur lequel je m'appuie volontiers. A ce sujet, il m'est revenu de divers côtés, que mes recherches sont difficiles à contrôler, attendu qu'il est peu de médecins qui soient familiarisés avec la pratique de la plessimétrie.

Je comprends cette objection, et je m'explique d'autant mieux cette réserve que, moi-même, je n'accepte qu'avec défiance les faits constatés par d'autres au moyen de ce mode explorateur ; et cela, parce que je sais mieux que personne combien il est facile de se tromper.

Toutefois, ceci convenu, je m'empresse de répondre à l'objection précitée.

D'abord, tout en ne reconnaissant en matières scientifiques d'autre autorité que le *criterium* de l'expérience, il n'en est pas moins vrai que les faits ne peuvent être constatés que par des observateurs et que le témoignage humain a ses règles.

Les observations d'un Gay-Lussac qui s'élève dans l'atmosphère méritent plus de créance que celles d'un aéronaute ignorant ; de même on accordera plus de confiance aux études d'un botaniste qui a exploré la flore d'un pays, ou à celles d'un zoologiste qui en a étudié la faune, qu'au récit d'un voyageur incompétent en ces matières.

Aussi, lorsque, continuant mes études médicales à Paris, je me suis livré dans les hôpitaux à diverses expériences plessimétriques sur le cadavre, je les ai faites, non pour donner satisfaction à un sentiment de vanité, mais dans le but de montrer une aptitude devant servir de base aux travaux que je me proposais de publier ultérieurement.

A ce moment, Piorry exagérait tellement les avantages de la plessimétrie que ses collègues le plaisantaient. Je me rappelle Nélaton, cependant toujours si prudent, nous disant que Piorry diagnostiquait les luxations de l'épaule par la percussion. Toutefois, lorsqu'il fut témoin de mes expériences dont mes savants confrères, Paquelin de Paris, Cazaux des Eaux-Bonnes, Ferran de Lyon, Lefébure de Bapaume et tant d'autres, ont conservé le souvenir, cet illustre professeur n'hésita pas à dire à son auditoire : « Je ne croyais qu'il fût possible d'arriver, par la percussion, à tracer aussi exactement les limites des organes ; mais après avoir vu les expériences de M. Germe je suis convaincu ».

Dernièrement, en présence du cadavre infiltré d'un jeune homme de 25 ans, chez lequel on n'avait diagnostiqué qu'une albuminurie, remarquant une légère voussure à la région précordiale, je percute le cœur en le laissant sur le dos, puis en le faisant placer sur les côtés droit et gauche. D'après l'étendue et la forme de la matité et ses déplacements lents, surtout du côté de l'oreillette droite, je conclus à l'existence d'une péricardite avec un épanchement et adhérences. L'ouverture du cadavre confirme complètement, à la stupéfaction des témoins, l'exactitude de ce diagnostic *Post mortem !*

D'ailleurs, tout en m'appuyant sur ce mode d'investigation, je me garde bien de m'en rapporter à lui seul.

Ainsi, je prends un exemple qui se présente souvent à mon observation. Un jeune homme entre dans mon cabinet ; il se plaint de mauvaises digestions, de faiblesse générale et d'amaigrissement ; il a le teint pâle, le pouls faible, il n'accuse pas de toux ou rarement, sa respiration n'est pas gênée ; mais il est inquiet sur sa santé.

A l'examen de la poitrine je constate qu'une épaule est affaissée, que la clavicule correspondante est plus saillante, que le poumon du même côté donne de la submatité et que son bord antérieur n'arrive pas à la ligne médio-sternale ; qu'il a l'oreillette droite dilatée ainsi que l'artère pulmonaire ; qu'au contraire le ventricule gauche et la crosse de l'aorte sont resserrés, et que la pression artérielle au poignet est faible.

Après lui avoir mesuré sa capacité respiratoire, je lui applique, en avant et arrière du sommet atélectasié, une ou plusieurs fortes ventouses à pompe.

A la suite de cette application je constate, par la plessimétrie, que le poumon malade s'est dilaté, que son bord antérieur arrive à la ligne médio-sternale, qu'il donne un son plus clair, que l'oreillette droite et l'artère pulmonaire ont diminué de volume, tandis que le ventricule gauche et la crosse de l'aorte ont augmenté ; je vois avec le sphygmomètre que la pression artérielle s'est élevée au poignet ; par le spiromètre, que la capacité respiratoire a gagné de 2 à 400 centimètres cubes. En même temps, je constate que les joues se sont colorées, que les yeux ont repris de l'éclat, et le sujet accuse une respiration plus facile et se sent plus fort.

En présence de tels exemples que j'ai constatés par centaines de fois, comment ne pas croire à l'exactitude des données plessimétriques lorsqu'elles sont confirmées par d'autres modes d'investigations que tout le monde peut contrôler ?

Il serait à souhaiter que tous les faits biologiques puissent être observés avec une méthode d'investigation aussi rigoureuse ; il ne resterait pas, et il ne s'introduirait plus chaque jour dans les sciences médicales, une foule d'erreurs qui feront rire nos successeurs.

En outre, il est des faits qui exigent une méthode d'exploration tout à fait particulière. Je citerai comme exemple l'influence des émotions morales sur les viscères et sur les gros vaisseaux. Je ne sais pas comment les expériences sur les animaux pourraient résoudre cette question. Pour le moment je ne vois que la plessimétrie. Et, si Erasistrate l'avait connue, il eut pu, au moment où la belle Stratonice pénétrant dans la chambre d'Antiochus lui fit monter le rouge au visage, constater chez son auguste malade une contraction des poumons et une dilatation de la crosse aortique.

* * *

Cet ouvrage est divisé en neuf chapitres. Je consacre le premier à l'exposé succinct des opinions émises depuis l'antiquité jusqu'à nos jours, sur les causes des mouvements du cœur. Je montre combien les physiologistes ont varié d'avis sur cet important sujet, sans être encore arrivés à des solutions donnant satisfaction à l'esprit scientifique.

Dans le deuxième, m'appuyant sur les observations faites au début du développement embryonnaire, sur celles des monstres, sur les expériences pratiquées sur les animaux, et les faits observés sur l'homme, je démontre que le *système nerveux moteur* n'a pas d'action directe sur le cœur qui possède, dans sa propre organisation et dans le sang qui le stimule, le principe et les causes de ses mouvements.

Au troisième, je me livre à des considérations plessimétriques sur le cœur et les gros vaisseaux, en vue des applications que je dois en faire à l'étude des causes des mouvements du cœur et de son innervation. Quelle que soit la façon dont la plessimétrie est appréciée par ceux qui ne la pratiquent pas, je ne dois pas passer sous silence un mode d'investigation qui m'a mis sur la voie de mes découvertes, à propos desquelles je m'efforce, d'ailleurs, de fournir des moyens de contrôle de nature à satisfaire les esprits rigoureux.

Le quatrième contient l'exposé d'un grand nombre de faits qui prouvent que les battements des deux cœurs, considérés sous les rapports de leur fréquence, de leur force et de leur rythme, sont subordonnés à l'alimentation et au débit des ventricules, à la façon dont ces phénomènes s'accomplissent, aux qualités du sang et aux substances qu'il tient en dissolution, ainsi qu'à l'excitabilité et à la contractilité cardiaques.

Les nombreux faits que je rapporte dans ce chapitre, ainsi que les discussions et les interprétations dont ils sont l'objet, démontrent que l'hypothèse d'une *action motrice nerveuse* sur le cœur n'est pas nécessaire, pour expliquer les modifications observées si fréquemment dans ses mouvements.

Dans le cinquième, je montre que les battements du cœur considérés, chez les animaux à sang chaud, au point de vue de leur fréquence et de leur force, sont soumis à certaines conditions hydrauliques de la circulation qui établissent, entre elles et le fonctionnement du cœur, des rapports constants de succession et de similitude, que je désigne sous le nom de *lois cardio-hémodynamiques de la circulation.*

Ces lois, au nombre de cinq, sont l'objet d'une série de démonstrations dont l'évidence en établit le fondement. Elles rendent compte de bien des changements observés dans la fréquence des battements du cœur, et dont les causes sont restées jusqu'à ce jour inexpliquées.

Au sixième, je parle des relations anatomiques qui existent entre le cœur et les centres nerveux et je prouve, contrairement à l'opinion générale, que le cœur est un organe sensible et même parfois très sensible.

Dans le chapitre sept, j'examine si les expériences physiologiques démontrent, d'une façon évidente, *l'activité, motrice directe des centres nerveux sur les mouvements du cœur.* Après un long examen critique des diverses théories émises à cet égard, concernant l'action de l'encéphale, de la moelle épinière, des nerfs dits *accélérateurs* et *dépresseurs* de la circulation ;

examen dans lequel je prouve que les effets cardiaques attribués aux centres nerveux et aux nerfs précités, s'expliquent autrement et mieux par des changements apportés dans *l'alimentation* et *le débit* du cœur, je conclus que l'influence motrice du système nerveux sur ce viscère n'est nullement établie.

Vu l'importance du rôle attribué de tout temps au pneumogastrique dans le fonctionnement du *cœur*, je lui consacre un chapitre spécial, le huitième, dans lequel je démontre que l'accélération des mouvements du cœur qui suit la section de ce nerf, est due à l'embarras de la circulation pulmonaire qui devient cause de la mort des animaux en expérience.

Au même chapitre, je fais un examen critique des diverses théories émises par les physiologistes pour expliquer le ralentissement et l'arrêt du cœur provoqués par l'excitation de la moelle allongée et des nerfs vagues. J'arrive facilement à prouver que ces théories ne sont que des hypothèses non vérifiées, et contre lesquelles l'observation et les expériences déposent.

Ensuite, je démontre, par un grand nombre d'expériences, que *l'arrêt du cœur* qui se manifeste aussitôt l'excitation de la moelle allongée et des nerfs pneumogastriques est dû à une *anesthésie de l'endocarde* provoquée par ces excitations. L'exactitude de cette proposition me paraît surabondamment établie par le nombre et la précision des faits que je produis. Aussi, je considère le chapitre *huit* comme l'un des plus importants de mon travail, attendu qu'il apporte la lumière sur l'innervation du cœur, question qui est restée jusqu'à ce jour si obscure, et qui continue toujours à embarrasser et à diviser les physiologistes.

Au dernier chapitre, je parle du grand sympathique et soutiens qu'il n'exerce aucune action motrice sur le cœur. Je le considère comme lui fournissant des nerfs vaso-moteurs, ainsi que des nerfs sensitifs comme le fait le pneumogastrique. L'exactitude de cette assertion est trop prouvée par mes injections intra-ventriculaires.

Dans le même chapitre, je fais voir que le cœur dépend des centres nerveux sous le rapport de son innervation sensitive, et je montre les effets réflexes excito-moteurs que la sensibilité endocardienne de chaque ventricule exerce, *différemment*, sur les poumons, dans le but de faciliter le débit du cœur droit et de diminuer l'alimentation du cœur gauche.

Enfin, je termine en concluant à l'*indépendance nerveuse motrice du cœur* tout en faisant des réserves sur son innervation intra-cardiaque, et en revenant à l'opinion d'Aristote et de Galien sur la *vertu pulsifique* du cœur.

Quant à l'influence si manifeste des passions sur ce viscère, je promets d'en établir le mécanisme dans un ouvrage, déjà en préparation, sans avoir besoin de recourir à une *action motrice directe* quelconque sur les mouvements du cœur.

Arras, Février 1897.

L. G.

CHAPITRE I

EXPOSÉ SUCCINCT DES OPINIONS DIVERSES ÉMISES DEPUIS L'ANTIQUITÉ JUSQU'A NOS JOURS, SUR LES CAUSES DES MOUVEMENTS DU CŒUR.

S'il est une question qui a été diversement résolue suivant les époques, c'est bien celle relative au principe d'action du cœur attribué, tantôt à ce viscère, tantôt au système nerveux, en s'appuyant sur des arguments qui, de part et d'autre, ne manquent pas de valeur. Je vais exposer brièvement les vicissitudes qu'a subies cette importante question physiologique.

§ 1. — *D'Aristote à Harvey*

Aristote, ensuite Galien, ont expliqué les battements du cœur en lui attribuant une *faculté pulsifique* résidant dans sa substance.

Les sectateurs de la doctrine d'Aristote, pas plus que les dissidents, ne paraissent pas, dans leurs discussions à cet égard, avoir compris qu'en s'exprimant ainsi, ce philosophe attribuait à la substance cardiaque le pouvoir, la propriété de se durcir et de battre ; faculté que nous désignons aujourd'hui sous le nom de contractilité, ou propriété de raccourcissement inhérente à la fibre musculaire. Si le mot n'y est pas, le fait a été rendu par une autre expression qui prouve qu'Aristote a considéré les battements du cœur, comme un phénomène dépendant d'un pouvoir inhérent à sa fibre musculaire.

Déjà, à cette époque on jugeait le cœur comme étant un véritable muscle. Il est désigné sous le nom de *fort muscle* dans un livre *de corde* dû à un médecin d'Alexandrie et inséré dans les œuvres d'Hippocrate.

Malgré cette constatation il fut enseigné pendant des siècles que la texture du cœur était parenchymateuse. Sa structure musculeuse fut signalée de nouveau par Borelli en 1657 et surtout par Sténon en 1663 (1).

Les nerfs du cœur n'attiraient guère l'attention des anciens parce qu'ils le considéraient comme insensible, et que la plupart, avec Aristote et Galien, plaçait en lui-même son principe d'action.

D'ailleurs, plusieurs anatomistes, tels que Vésale (2) et, avant lui, Jérôme Cardan (3) avaient fait la remarque que le cœur, malgré son volume comme masse musculaire, reçoit peu de filets nerveux.

Avant la découverte de la circulation, Piccolomini paraît être le physiologiste qui ait soutenu l'un des premiers, que le cœur puise son principe d'action dans le cerveau par l'entremise des nerfs pneumogastriques.

§ 2 — *D'Harvey à Haller.*

A partir de la découverte de la circulation du sang par Harvey, l'attention des médecins se porta sur les mouvements du cœur. Je ne m'arrêterai pas sur Descartes qui prétendait expliquer ces mouvements par la fermentation et l'effervescence du sang. Ce célèbre philosophe n'a que trop répandu d'erreurs en physiologie pour s'attarder à le réfuter.

Parmi les opinions émises à cet égard, les uns plaçaient la cause de ces mouvements dans le système nerveux. Dans son traité *de corde* paru en 1669, Lower réfute Descartes en soutenant qu'à la suite de la section et de la ligature des nerfs vagues, les mouvements du cœur deviennent faibles et tremblants, et ne tardent pas à cesser entièrement. Il avance même qu'ils disparaîtraient à l'instant même si les nerfs vagues ne

(1) Sprengel, *Hist. de la Méd.*, t. IV, p. 127, Paris, 1815.
(2) Sprengel, *Hist. de la Méd.*, t. IV, p. 21.
(3) Sprengel, *Hist. de la Méd.*, t. V, p. 577.

s'unissaient pas au nerf intercostal (grand sympathique) pour former le plexus cardiaque (1).

J.-B. Denis, dans ses conférences scientifiques faites au Dauphin, admet que la force vitale du cœur lui vient du cerveau par les nerfs (2).

D'après Borelli, le fluide nerveux envoyé par le cerveau est cause du gonflement des fibres musculaires et des mouvements du cœur (3).

Willis plaça le principe de ces mouvements dans le cervelet, et prétendit que s'ils n'éprouvent pas d'interruption, c'est parce que les fonctions du cervelet s'exercent sans relâche (4).

Bohn répétant, ainsi que bien d'autres physiologistes, l'expérience qui consiste à lier ou à sectionner les nerfs vagues, réussit à faire périr un animal à l'instant même comme s'il eut été foudroyé (5).

Stahl enseignait que l'âme préside aux mouvements du cœur par l'entremise des nerfs.

George Cheyne, partisan des idées de Stahl, soutint même, à propos du cas si connu du colonel anglais Townshend, que les hommes sont maîtres des mouvements de leur cœur, et que c'est par un effet de l'habitude qu'ils perdent cette faculté.

Sénac, dans son traité du cœur paru en 1749, *sans méconnaître l'influence de l'irritation*, considère les esprits vitaux comme cause première des mouvements du cœur.

Contrairement aux théories exposées ci-dessus, d'autres physiologistes ont, avant Haller, refusé au système nerveux toute action sur le cœur. Ainsi, au commencement du XVIIIe siècle, Chirac et Gastaldy avaient soutenu, d'après leurs expériences, que la force du cœur est indépendante de celle des

(1) Sprengel, loc. cit., t. IV, p. 132.

(2) *Journal des Savants*, année 1874.

(3) Sprengel, loc. cit., t. IV, p. 136.

(4) Tho. Willis, opera omnia, Amstelodami, 1682, t. I, de cerebri anatome, cap. XV, p. 50.

(5) Sprengel, loc. cit., t. IV, p. 138.

nerfs. Ce dernier fit sur un chien vivant la section du nerf intercostal (grand sympathique) et de la paire vague sans arrêter les mouvements du cœur (1).

§ 3. — *De Haller jusqu'à Legallois.*

En 1752, Haller soumit à la Société de Gœttingue son mémoire sur la nature sensible et irritable des parties du corps humain (2). Dans ce travail, il relate un grand nombre d'expériences tendant à prouver que la propriété de se contracter appartient à la fibre musculaire. Il la désigne sous le nom d'*irritabilité*. Cette propriété ne se manifeste qu'autant qu'une cause, un *stimulus* la met en jeu. Si pour les muscles soumis à la volonté, la force nerveuse est le *stimulus* naturel, pour le cœur c'est le sang seul qui, agissant sur l'endocarde, est son excitant normal et même le régulateur de son rythme.

Haller a soutenu sa doctrine en s'appuyant sur un grand nombre d'expériences : il a montré qu'en liant les veines caves et l'aorte, et en ouvrant l'artère pulmonaire, les battements s'arrêtent dans le cœur droit parce qu'il ne reçoit plus de sang, tandis qu'ils continuent dans le cœur gauche. Il a pu déplacer à volonté l'*ultimum moriens* en faisant arriver en dernier lieu le sang, tantôt dans l'une des cavités cardiaques, tantôt dans l'autre.

Les expériences de Haller répétées par un grand nombre de physiologistes ont donné les mêmes résultats.

Haller et son école soutinrent l'indépendance nerveuse du cœur en s'appuyant sur les arguments suivants :

1° Le cœur continue à battre bien que toute communication avec les centres nerveux soit interrompue, soit par la section des nerfs qui vont au cœur, soit par la section de la moelle épinière ou par la décapitation ;

(1) Sprengel, loc. cit., t. IV, p. 160 et t. VI, p. 216.
(2) Lauzanne, 1756.

2° Un cœur excisé d'un animal vivant et placé sur une table continue à battre, quelquefois fort longtemps,

3° L'excitation des nerfs qui vont au cœur n'accélère pas ses mouvements et ne les rappelle pas quand ils ont cessé.

La théorie de Haller souleva de nombreuses protestations de la part de physiologistes jouissant d'une grande autorité, tels que Prochaska, Platner, Marherr, etc. On lui objectait, non sans apparence de raison, que si la puissance nerveuse n'a pas d'action sur le cœur, pourquoi ce viscère reçoit-il des nerfs, et surtout pourquoi se montre-t-il si sensible à l'influence des passions ?

Il est certain qu'Haller fut embarrassé par ces objections, et qu'il ne put pas les réfuter victorieusement, bien qu'il ait été convaincu de l'exactitude de sa théorie défendue par Fontana, qui soutint que les nerfs exercent une bien faible influence sur les contractions cardiaques (1).

Plus tard, dans un ouvrage jugé comme un chef-d'œuvre, Sœmmering, dans sa description classique du cœur (2), prétendit que les fibres musculaires de cet organe ne reçoivent pas de nerfs, et que ceux-ci se rendent aux vaisseaux. Cette opinion fut soutenue par Behrends dans sa thèse inaugurale (3), et combattu ensuite par Scarpa dans son ouvrage sur l'anatomie des nerfs du cœur publié à Pavie en 1794.

Vint peu après Bichat qui nia l'action de la force nerveuse sur les mouvements du cœur, et chercha à prouver dans l'article onzième de ses *Recherches* (4), que l'influence de la mort du cerveau sur celle du cœur est indirecte, et que l'encéphale n'exerce aucune action directe sur ce viscère.

Parmi les expériences qu'il invoque, tout en recommandant à ceux qui les répéteront de bien distinguer ce qui appartient

(1) *Recherches philosophiques sur la physique animale*, in-4°, Florence. 1775.
(2) *De la fabrique du corps humain*, in-8°, Francfort-sur-le-Mein, 1791.
(3) Mogunt. 1792. Diss. quâ demonstratur, cor nervis carere.
(4) Bichat, *Recherches sur la vie et la mort*, 5e édition, Paris, 1829.

à l'émotion, aux sentiments de crainte, etc., qui naissent chez l'animal qui souffre, je rappellerai, d'après ce physiologiste, que l'excitation mécanique et la section des filets cardiaques du grand sympathique n'ont troublé en rien les mouvements du cœur.

Il en a été de même de celles répétées avec le galvanisme. Elles ne provoquaient de contraction que quand les armatures étaient appliquées sur le cœur même.

Bichat démontre ensuite que le cerveau agit sur le cœur par le poumon : « Il y a, dit-il, 1° interruption de l'action cérébrale ; 2° anéantissement de la vie animale, des intercostaux et du diaphragme par conséquent; 3° cessation consécutive des phénomènes mécaniques de la respiration. »

Jusque-là l'enchaînement est parfait et suffisant, sans avoir recours à l'action délétère du sang noir, comme le fait à tort Bichat, pour expliquer l'arrêt du cœur qui cesse d'agir parce que, par suite de l'immobilité des poumons, il ne reçoit plus de sang, ainsi que je l'ai démontré (1).

§ 4. — *De Le Gallois aux frères Weber.*

En 1811, le 3 juin, Le Gallois lut à l'Institut, un mémoire sur le principe des forces du cœur. Il s'efforça d'établir, par de nombreuses expériences, que le siège de ce principe réside dans la moelle épinière dont la destruction, dans ses diverses régions, entraîne un affaiblissement rapide du cœur suivi de son arrêt. Ce travail, qui fut l'objet d'un rapport très favorable de Percy, au nom d'une commission dont faisait partie de Humboldt et Hallé, eut un grand retentissement (2).

Cette théorie, qui attribuait de nouveau au système nerveux le principe des mouvements du cœur, ne tarda pas à être combattu par un physiologiste anglais Wilson Philip, qui, « après

(1) Voir mes recherches sur les lois de la circulation pulmonaire, etc. Ch. IV, p. 137, Paris 1895.

(2) Le Gallois, *Expériences sur le principe de la vie*, Paris 1812.

avoir étourdi des lapins par un coup sur le derrière de la tête, leur enleva la moelle épinière et le cerveau, et maintint la respiration par des moyens artificiels. Il vit la circulation et le mouvement du cœur s'opérer comme dans l'état de vie : d'où il conclut que la circulation du sang et l'action des muscles involontaires sont indépendants de l'influence des nerfs (1).

En Allemagne, la plupart des physiologistes, parmi lesquels je citerai Burdach (2), se basant sur des expériences pratiquées sur des animaux à sang froid et à sang chaud, repoussèrent la théorie de Le Gallois.

Elle fut aussi combattue en France par Flourens, qui, à la suite d'une série d'expériences, démontra que la circulation survit un certain temps à la destruction totale du système nerveux, à la condition d'avoir recours à la respiration artificielle (3).

Cl. Bernard répéta les expériences de Wilson Philip et obtint les mêmes résultats. Toutefois, ces physiologistes ainsi que Clitt, Wedemeyer, Nasse, Longet, etc., ayant remarqué que la destruction ou l'excitation de la moelle agissaient sur la la fréquence, la force et le rythme des battements du cœur, pensèrent que ce viscère est influencé par le centre nerveux rachidien.

§ 5. — *Des frères Weber jusqu'à nos jours.*

En 1845, dans une réunion de savants tenue à Naples, les frères Weber firent connaître que l'excitation électrique de la moelle allongée ou des pneumogastriques arrête le cœur en diastole. Peu après, Budge revendiqua la priorité de cette découverte qui, cependant, avait déjà été faite au siècle dernier. En effet, Marherr, combattant la théorie de Haller, avait

(1) Bibliothèque universelle, t. x, p. 182, Genève 1819.
(2) Burdach, *Traité de physiologie*, t. vii, p. 59 et suiv. Paris 1837.
(3) Flourens, *Recherches expérimentales sur les propriétés et les fonctions du système nerveux*, p. 214 et suiv.

soutenu que quand on applique une ligature sur les nerfs cardiaques les contractions du cœur languissent.

En rapportant ce fait, Sprengel (1) cite un médecin de Lille, Ch. Evérard (2), qui, en 1755, détermina la position de ces nerfs qui opèrent les mouvements du cœur, les plaça entre les deux grosses artères, et assura qu'une pression exercée sur eux suspend les contractions du viscère. D'après ce fait il est certain qu'Evérard a arrêté le cœur en diastole en irritant les pneumogastriques.

Depuis, ainsi que le dit Burdach (3), un grand nombre d'expérimentateurs ont vu la ligature des nerfs vagues entraîner l'accélération ou l'affaiblissement des mouvements du cœur. Cette différence de résultats peut s'obtenir suivant que la ligature est très ou légèrement serrée. Dans le premier cas elle équivaut à une section du nerf, dans le second à une excitation.

A la suite de la communication des frères Weber, de nombreux physiologistes étudièrent l'action du système nerveux sur le cœur. Magendie et Cl. Bernard constatèrent que l'excitation de la moelle épinière ou des nerfs de la sensibilité, augmente la pression artérielle et accélère les battements du cœur, même après la section des pneumogastriques à la région moyenne du cou.

En 1863, Bezold montra que la section de la moelle, entre l'occipital et l'atlas, abaisse la pression artérielle et ralentit les battements du cœur, tandis que l'excitation de la moelle au-dessous de la section produit des effets contraires ; d'où il conclut à l'action directe de la moelle sur les battements du cœur.

Cette conclusion fut combattue par Ludwig et Théry qui observèrent qu'après avoir détruit les nerfs cardiaques par la méthode galvano-caustique, l'excitation de la moelle séparée du cerveau continue à augmenter la pression artérielle et à accé-

(1) Sprengel, loc. cit. t. v, p. 357.
(2) *Tractatus de palpitatione cordis*, in-8°, Zwoll 1755.
(3) Burdach, loc. cit. t. vii, p. 74.

lérer le cœur, et que l'on obtient les mêmes résultats par la ligature ou la compression de l'aorte au-dessus de sa bifurcation. Ce dernier fait a été constaté il y a bien longtemps. Sénac le signale en ces termes : « Si on lie l'aorte d'un chien dans le bas-ventre, le mouvement du cœur et des vaisseaux augmente (1). »

Plus tard MM. Cyon et Ludwig expliquèrent l'action de la moelle sur la pression artérielle en montrant que l'élévation de pression est due à la contraction des petits vaisseaux provoquée par l'excitation des centres vaso-moteurs. Comme de tous les nerfs vaso-moteurs les splanchniques sont les plus importants en raison de la grande vascularité des organes abdominaux, ils coupèrent ces nerfs et virent qu'après leur section, la pression artérielle baissait rapidement comme après celle de la moelle entre l'occipital et l'atlas. De plus, ils observèrent que l'excitation de la moelle à ce niveau était sans effet sur la pression artérielle, tandis qu'il la voyait s'élever sous l'influence de l'excitation des bouts périphériques des nerfs splanchniques divisés.

Si l'élévation de la pression artérielle consécutive à l'excitation de la moelle n'est pas la conséquence d'une action directe sur le cœur, peut-on en dire autant de l'accélération des battements de ce viscère par la même cause ?

D'après E. Cyon, si l'excitation de la moelle épinière est sans effet sur la pression sanguine lorsque les nerfs splanchniques ont été divisés, elle n'en produit pas moins l'accélération du cœur. Selon lui, cet effet aurait lieu par l'intermédiaire d'un nerf cardiaque spécial, qui sort de l'épine avec le troisième rameau du ganglion cervical inférieur et qu'il nomme nerf *accélérateur* du cœur.

Dans un mémoire intitulé : *De l'action réflexe d'un des nerfs sensibles du cœur sur les nerfs moteurs des vaisseaux sanguins*, couronné par l'Institut en 1867, le même physiologiste a sou-

(1) *Traité du Cœur*, t. II, p. 269, Paris, 1749.

tenu, d'après ses expériences, qu'il existe dans le cœur un nerf sensible prenant ordinairement naissance par deux racines venant l'une du pneumogastrique, et l'autre du nerf laryngé supérieur.

Lorsque ce nerf est divisé, l'excitation du bout périphérique est sans effet, tandis que l'excitation du bout centripète cause de la douleur et produit chez le lapin, par dilatation des petits vaisseaux périphériques, un abaissement de la pression artérielle de 5 à 6 ctm. En raison de cet effet E. Cyon a donné à ce nerf le nom de *nerf dépresseur* de la circulation.

Les faits que je viens de rapporter dans ce paragraphe sont aujourd'hui acceptés par la plupart des physiologistes qui ont même localisé les centres d'innervation du cœur : le *centre d'arrêt* dans la moelle allongée, et le *centre accélérateur* dans la région supérieure de la moelle cervicale.

Par ce court exposé il est facile de juger les vicissitudes qu'a subies la question de l'innervation du cœur.

Après avoir été résolue nombre de fois, tantôt négativement, tantôt positivement, il se trouve qu'aujourd'hui le cœur est doué d'un appareil nerveux très complexe. Outre ses nerfs de sensibilité générale et vaso-moteurs, il posséderait un nerf d'une sensibilité spéciale, le *nerf dépresseur* de la circulation; un *nerf accélérateur;* un *nerf modérateur* et même *d'arrêt.* Il faut convenir qu'il n'y a guère de viscère aussi bien loti, et que le cœur n'a rien perdu pour attendre.

Que faut-il penser des opinions émises à diverses époques et de celles qui règnent aujourd'hui sur l'importante et si difficile question des causes des mouvements du cœur et sur son innervation ?

C'est ce que je vais examiner dans les chapitres suivants.

CHAPITRE II.

LE SYSTÈME NERVEUX CENTRAL MOTEUR N'A PAS D'ACTION DIRECTE SUR LE CŒUR. IL POSSÈDE DANS SA PROPRE ORGANISATION ET DANS LE SANG LE PRINCIPE ET LES CAUSES DE SES MOUVEMENTS.

L'exactitude de ces propositions sera facilement démontrée dans les paragraphes suivants.

§ 6. — *Le cœur naît et fonctionne dans l'embryon avant l'apparition du système nerveux.*

Aristote avait dit avant Haller que, de toutes les parties du corps, c'est le cœur qui vit le premier et meurt le dernier, *primum vivens* et *ultimum moriens*. Une telle prérogative ne peut s'expliquer qu'autant que l'organe qui en jouit puise en lui-même son principe d'action.

Chez le poulet, en examinant la tâche embryonnaire, on assiste à la naissance du cœur au bout de 26 à 30 heures d'incubation. Cette tâche présente un petit point, *punctum saliens*, qui est le siège de mouvements rares et peu apparents. C'est là l'origine du cœur.

Peu à peu cette vésicule se développe, s'allonge et grossit ; des artères et des veines se montrent contenant du sang mis en mouvement par un cœur rudimentaire qui bat avec rapidité, d'une façon rythmique, alors que le système nerveux n'a pas encore donné signe d'existence.

En présence de ce fait facile à constater et observé nombre de fois depuis des siècles, il faut nécessairement conclure que les contractions du cœur sont indépendantes du système nerveux.

§ 7. — *Le cœur fonctionne chez les amyélencéphales pendant toute la durée de la vie intra-utérine, et même parfois quelque temps après leur naissance.*

Cette catégorie de monstres manque totalement de cerveau et de moelle épinière. Cependant, malgré l'absence de ces centres nerveux, ils se développent et vivent pendant toute la durée de la vie intra-utérine, avec un cœur qui fonctionne comme s'ils étaient normalement conformés. Ils naissent souvent dans le cours du huitième mois. La plupart meurent en naissant ; mais il en est qui ont vécu plusieurs heures et même plusieurs jours.

Ces faits qui embarrassaient Le Gallois (1), ont été observés ou rapportés par de nombreux auteurs tels que Sénac (2), Wilson cité par Burdach (3) et Sarlandière (4).

Morgagni dans sa douzième lettre n° 8, et sa quarante-huitième n°s 48, 49, 50 et 52, en cite plusieurs cas fort intéressants observés par Valsava, Littre, Baroni, Kercking et par lui-même.

L'amyélencéphale cité par Fauvel vécut deux heures après sa naissance ; celui de Suc 7 heures ; et 12 heures celui observé par Malacarne (5). Méry rapporte le cas d'un amyélencéphale qui prit de la nourriture et ne mourut que 21 heures après sa naissance (6).

D'après Lallemend, Serres en vit un à l'Hôtel-Dieu de Paris qui vécut trois jours. Les nourrices s'étant refusées à l'allaiter il fut nourri artificiellement.

Voilà des expériences toutes faites que la nature offre à l'observation des physiologistes ; elle leur montre qu'un mammifère peut se développer, vivre de la vie intra-utérine, même *extra* pendant plusieurs heures, et cela avec un cœur qui,

(1) Loc. cit. p. 250.
(2) *Traité du Cœur*, t. II, p. 118.
(3) *Traité de physiologie*, etc. t. VII, p. 66, Paris 1837.
(4) *Mémoire sur la circulation du sang*, p. 12.
(5) *Histoire de l'Académie des Sciences*, p. 26, 1711.
(6) *Histoire de l'Académie des Sciences*, année 1712.

malgré le manque de cerveau et de moelle épinière, bat et fonctionne régulièrement, comme s'il voulait montrer qu'il reste indifférent à l'absence ou à la présence de cet appareil nerveux, et qu'il sait se suffire à lui-même !

De semblables tableaux sont bien faits pour frapper les observateurs. Cependant, on ne paraît pas y avoir attaché toute l'attention qu'ils méritent ; car les physiologistes continuent, comme si jamais il était possible de réunir des conditions d'expériences aussi pures que celles qui nous sont offertes par la nature dans les monstres précités, de vivisectionner pour obtenir des résultats contraires à ceux fournis par l'observation tératologique.

En présence de ces faits, bien des physiologistes, voulant soutenir quand même que le cœur puise son principe d'action dans la moelle épinière, et que ce centre nerveux est absolument nécessaire aux mouvements du cœur, objectent, comme preuve, que les amyélencéphales meurent à la naissance ou peu après. Cette objection n'a d'autre valeur que de déposer contre la thèse en faveur de laquelle elle est émise. En effet, Haller et bien d'autres physiologistes après lui, ont démontré que le sang est l'excitant naturel du cœur, et que quand il cesse de battre il suffit de lui en rendre pour ranimer ses battements.

Pendant la vie intra-utérine le sang chassé, dans les diverses parties du fœtus et dans le placenta, par les contractions du cœur, y revient sous l'influence de la *vis a tergo*, et de la compression que les mouvements inspirateurs de la mère, ainsi que la tonicité et les contractions de l'utérus exercent sur le placenta.

Au moment de la naissance la circulation placentaire est complètement abolie. Alors le cœur cesse d'être alimenté par cette source puissante ; le sang qui lui arrive par le foie et la veine cave inférieure cesse également de recevoir l'impulsion qui lui venait de la même voie. Dans ces conditions, il en résulterait fatalement un arrêt du cœur par défaut de sang si une nouvelle fonction n'entrait immédiatement en jeu, c'est-à-dire, si les mouvements d'inspiration n'attiraient pas le sang veineux dans le cœur droit, et si les mouvements d'expiration ne le chassaient pas dans le cœur gauche. C'est ce qui m'a fait dire que les mouvements respiratoires priment les fonctions du cœur (1).

Il est donc facile de s'expliquer comment les amyélencéphales meurent en naissant ou peu après. Ils meurent parce qu'ils ne peuvent pas respirer; et leur respiration ne s'établit pas parce que le tronçon nerveux qui préside aux mouvements respiratoires leur fait défaut. Ils sont dans le même cas que les nouveaux-nés bien conformés, chez lesquels on ne peut, par suite d'une lésion du bulbe, mettre en jeu les mouvements respiratoires.

Ceux qui ont vécu quelques heures, et même davantage après leur naissance, n'ont dû cette survie qu'à la présence du trou de botal qui a permis une circulation languissante, comme cela s'observe chez les nouveaux-nés en état de mort apparente.

§ 8. *Le cœur continue à battre chez les animaux empoisonnés par le curare, bien que ce poison abolisse l'action excitatrice des nerfs moteurs sur la fibre musculaire.*

Tout le monde sait que le curare a permis, à l'illustre Cl. Bernard, d'étudier les propriétés de divers éléments anatomiques. Entre autres faits, ce physiologiste a démontré que cette substance abolit l'action excitatrice des nerfs moteurs sur la fibre musculaire.

A l'exception *du cœur*, tous les muscles sont paralysés parce que l'action motrice *volontaire*, *réflexe* ou *excitante quelconque*, ne peut plus leur être transmise par les filets moteurs. « Si, écrit Cl. Bernard, le cœur conserve encore ses mouvements, cela prouve, ainsi qu'on le savait déjà, qu'il n'est

(1) Voir mes recherches sur les lois de la circulation pulmonaire, etc. p. 130 et 264. Paris 1895.

pas influencé par le système nerveux comme les autres muscles, ce qui lui permet d'être, suivant l'expression de Haller, l'organe *primum vivens* et l'organe *ultimum moriens*. En outre, la démonstration de cette action nette et caractéristique du curare, qui tue l'élément nerveux et respecte l'élément musculaire, a résolu la question de ce que l'on appelait *l'irritabilité Hallérienne*, en prouvant expérimentalement que la propriété contractile du muscle, est distincte de la propriété du nerf qui l'excite, puisque le poison parvient à les séparer immédiatement l'un et l'autre (1). »

L'empoisonnement par le curare constitue une preuve de plus en faveur de l'indépendance nerveuse motrice du cœur, attendu qu'il continue à battre, alors que tous les autres muscles sont paralysés par l'abolition de l'action excitatrice de leurs nerfs moteurs.

Seulement, si, dans cet empoisonnement, l'on n'entretient pas la vie par la respiration artificielle, la mort arrive non pas comme l'a soutenu Cl. Bernard avec tous les physiologistes, par *défaut d'hématose*, mais bien par la paralysie des muscles respirateurs ; paralysie qui abolit la *fonction hémodynamique thoraco-pulmonaire* ainsi que je l'ai démontré (2).

Alors le cœur cesse de se contracter faute d'aliment, et non pas parce qu'il est paralysé par le sang noir. La preuve qu'il en est bien ainsi, c'est que l'on peut ranimer ses battements en pratiquant la respiration artificielle avec un gaz inerte tel que l'azote.

§ 9. *La destruction du cerveau et de la moelle épinière, ou celle des nerfs cardiaques, n'arrêtent pas les mouvements du cœur.*

Il est démontré depuis longtemps que, chez les animaux à sang froid, les battements du cœur persistent après la des-

(1) *La Science expérimentale* par Cl. Bernard, p. 287, Paris, 1878.
(2) Loc. cit., p. 284 et suiv.

truction du cerveau et de la moelle épinière. On les a vus continuer pendant une durée variant de quelques heures à deux jours. Un grand nombre de faits semblables, dus aux expériences de Haller, Spallanzani, Treviranus, Wilson, Sénac, Savariole, Clift, Zinn, Ent, Baumgaertner, sont rapportés par Burdach (1).

Le cœur continue à battre chez les animaux à sang chaud qui ont subi les mêmes mutilations, à la condition que la circulation pulmonaire soit entretenue par la respiration artificielle. — Ces faits ont été observés par un grand nombre de physiologistes, parmi lesquels je citerai Wilson, Mayer, Wiltbank, Flourens, Cl. Bernard, etc.

Edwards et Vavasseur ont constaté, sur des chats ou des chiens nouvellement nés, que les battements du cœur persistaient après la section des nerfs cardiaques ou après l'excision des ganglions cervicaux.

Haller et bien d'autres ont vu chez des poissons, des reptiles et des mammifères, le cœur battre longtemps, après que tous ses nerfs avaient été liés ou coupés (2).

A une époque plus rapprochée de nous, Ludwig et Théry, ont observé que, malgré la destruction de tous les nerfs cardiaques, par la méthode Galvano-caustique, le cœur ne cessait pas de battre.

§ 10. *Le cœur est l'ultimum moriens. Chez bien des animaux il peut battre plusieurs heures après leur mort, même après l'avoir isolé. Lorsque ses battements cessent, on peut les ranimer en excitant directement ses parois, tandis que l'excitation des centres nerveux et des nerfs qui forment le plexus cardiaque, reste sans effet.*

Ce n'est pas d'aujourd'hui que l'on a observé que le cœur des mammifères et des oiseaux adultes, continue à battre pen-

(1) *Traité de Physiologie*, etc., t. VII, p. 61 et suiv. Paris, 1837.
(2) Burdach, loc. cit., p. 66.

dant quelques minutes, alors que l'animal ne donne plus aucun autre signe de vie et que la respiration est complètement éteinte. Chez les fœtus des mammifères en état de mort apparente, les battements du cœur peuvent persister pendant plusieurs heures. Cette même durée se manifeste également chez ceux dont la mort est réelle. — Bayle a vu les pulsations cardiaques durer sept heures sur un fœtus de chien.

Les accoucheurs ont observé des faits analogues chez le nouveau-né. Parmi ceux que j'ai cités dans un autre travail (1), je rappellerai celui d'un nouveau-né en état de mort apparente chez lequel Moschka entendit les bruits du cœur vingt-trois heures après la naissance, sans toutefois pouvoir le ranimer.

Cette survie du cœur se remarque aussi chez les animaux hibernants, tel que les hérissons où Templer a vu les mouvements cardiaques subsister plus de deux heures après la mort. Mais ce sont surtout les animaux à sang froid, qui sont remarquables par la durée des battements de leur cœur, alors qu'ils ne donnent plus d'autres signes de vie.

La vitalité de ce viscère est tellement grande qu'il persiste à battre alors même qu'il est séparé du corps de l'animal. En 1668, Redi a vu le cœur d'une torpille continuer ses battements sept heures après avoir été séparé du corps; Lorenzini les a vus durer neuf heures. D'après Castell, le cœur d'une grenouille placé dans l'oxygène peut battre pendant plus de douze heures.

Pflüger, cité par Mosso, raconte qu'un embryon humain, d'environ trois semaines, ayant été laissé toute la nuit sur un verre de montre, dans un cabinet froid, son petit cœur battait encore le matin avec des intervalles de vingt à trente secondes. Il put encore observer ces mouvements pendant une heure, puis ils se ralentirent peu à peu jusqu'à la mort complète de l'embryon (2).

(1) Voir loc. cit., p. 265.
(2) *La peur*, par A. Mosso, p. 76. Paris 1886.

Cette persistance de la contractilité cardiaque s'observe même sur les fragments d'un cœur divisé en morceaux ; ceux-ci se contractent d'une façon rythmée comme l'organe entier.

Lorsque le cœur a cessé ses battements, il n'est pas possible de les ranimer par l'excitation des centres nerveux ou des nerfs cardiaques, tandis qu'ils renaissent facilement sous l'influence d'un excitant agissant directement sur sa substance, et surtout sur l'endocarde.

Si la théorie de Haller n'avait pas soulevé tant d'objections que je discuterai dans la suite de ce travail, il semble, d'après cet ensemble de faits, que l'on doive revenir sans hésitation à la thèse de ce grand physiologiste qui plaçait dans *l'irritabilité*, ou mieux, dans la contractilité de la fibre cardiaque, le principe des mouvements du cœur. — C'est ce que je pense avec l'espérance de faire partager peu à peu ma conviction au lecteur.

§ 11. *Des excitants des contractions du cœur et de son irritabilité.*

Le cœur manifeste sa vitalité par des contractions brusques, instantanées, séparées par de courts intervalles de repos. Ces contractions sont d'autant plus énergiques que la fibre musculaire du cœur est mieux nourrie, et qu'il appartient à un animal bien portant. Elles sont provoquées par des excitants qui les entretiennent ou les réveillent lorsqu'elles ont cessées. En les répétant le cœur s'épuise et cesse d'être excitable. Par le repos il se répare et retrouve sa propriété.

Les excitants du cœur sont nombreux. Haller, Sénac et bien d'autres ont ranimé les mouvements du cœur de l'embryon de poulet par la chaleur de la main, de l'haleine et les ont accélérés par l'eau chaude. Calliburcès, ayant enlevé le cœur d'une grenouille et constaté qu'il ne battait plus que 18 fois par minute, le plongea dans de l'eau à 40° et vit que les battements s'élevaient à 94 fois pour la même durée.

Les irritations mécaniques ou chimiques raniment aussi les contractions cardiaques. Il en est de même de l'air dont l'action est remarquable. D'après Haller il suffit d'injecter de l'air dans les veines caves pour ranimer les battements du cœur longtemps après la mort. L'insufflation du canal thoracique produit un semblable effet qui a même été observé sur des cadavres humains par Hunauld, Sénac et Portal.

L'action de l'électricité est plus intense. Depuis Humboldt bien des physiologistes ont vu les mouvements du cœur renaître sous l'action de courants électriques ou s'accélérer s'ils persistaient.

Mais, de tous les excitants du cœur le plus efficace c'est le sang qui est à la fois le *stimulus naturel* et le régulateur de son rythme. Cette démonstration est déjà ancienne. Sénac y revient souvent dans son traité du cœur ; mais ce sont surtout les travaux de Haller qui ont contribué à la vulgariser. Ce physiologiste vit qu'en liant les troncs veineux, les mouvements du cœur deviennent plus faibles et s'arrêtent par défaut de sang. Pensant que, si le cœur droit conserve ses contractions alors qu'elles sont éteintes dans le cœur gauche, ce fait tient à ce que ce dernier, tout en continuant à se vider, ne reçoit plus de sang par suite de l'arrêt de circulation pulmonaire, tandis que le droit en est rempli parce que, pour la même raison, il ne peut chasser celui qu'il a reçu, Haller confirma son hypothèse par une expérience qui changea l'ordre de la mort des deux cœurs. Sur un animal il lia, ainsi que je l'ai dit plus haut, l'aorte pour retenir le sang dans les cavités gauches ; il incisa l'artère pulmonaire et lia les veines caves pour obtenir la vacuité des cavités droites. Alors, il observa que c'est le cœur gauche qui devient à son tour l'*ultimum moriens*; preuve bien évidente que les contractions cardiaques sont provoquées par l'irritation causée par le sang sur l'endocarde.

Bien d'autres faits démontrent l'exactitude de cette proposition. Sur un cœur dont les battements viennent de cesser il suffit, pour les ranimer, d'injecter du sang dans ses cavités.

« Il m'est également arrivé, écrit Bichat, de rétablir les contractions du cœur, anéanties dans diverses morts violentes, par le contact du sang noir injecté dans le ventricule et l'oreillette à sang rouge, avec une seringue adaptée à l'une des veines pulmonaires (1) ».

Lorsque la respiration artificielle ranime les mouvements d'un cœur qui vient de cesser de battre par suite d'un obstacle aux mouvements respiratoires, comment agit-elle si ce n'est en imprimant à la circulation pulmonaire, par suite des alternatives de dilatation et de resserrement des poumons, un mouvement qui force le sang à se rendre dans le cœur gauche et à en exciter les contractions !

Ce n'est pas, comme on le pense, à l'oxygénation du sang qu'il faut attribuer ces résurrections, mais simplement à l'arrivée de ce liquide dans le ventricule gauche. La preuve, c'est qu'on obtient les mêmes résultats avec l'insufflation d'un gaz inerte. Je renvoie le lecteur à mes *Recherches sur les lois de la circulation pulmonaire*, etc., notamment au chapitre IV où ces faits sont longuement exposés.

La transfusion agit de même chez les êtres qui se meurent par suite d'hémorragie.

Le sang ne manifeste pleinement une action excitante qu'autant qu'il est complet. Ainsi Dieffenleach, ayant injecté du sérum dans les veines d'animaux en état de mort apparente par suite d'hémorragie, ne parvint pas à ranimer les battements du cœur, tandis qu'ils apparurent dès qu'il injecta du sang entier.

Certaines substances tels que l'alcool, le thé, en dissolution dans le sang contribuent à augmenter son action excitante.

Si la présence du sang dans les cavités cardiaques est nécessaire pour provoquer la systole, sa circulation dans l'épaisseur du myocarde n'est pas moins indispensable pour assurer le maintien de sa contractilité. Lorsque, à l'exemple de Chirac

(1) *Recherches sur la vie et la mort, etc.*, 5e édition, p. 327.

et d'Erichsen, on lie les artères coronaires, on voit les mouvements du cœur s'arrêter très rapidement. On obtient les mêmes effets en y injectant un liquide tenant en suspension une poudre inerte. Par la ligature d'une seule artère, comme l'a fait Schiff, on obtient des paralysies locales, par exemple, du ventricule droit à la suite de la ligature de l'artère coronaire droite.

§ 12. — *Du mode d'action des excitants du cœur.*

Les faits rapportés ci-dessus démontrent que le cœur se contracte sous l'influence d'excitants agissant sur sa substance sans avoir besoin du système nerveux central, comme intermédiaire. La preuve est suffisamment faite en montrant que l'excitant, qui provoque directement une contraction du cœur, reste sans effet si on l'applique sur la moelle épinière ou sur les nerfs cardiaques.

Je sais que l'on peut soutenir contre cette assertion que, si la respiration artificielle ranime les mouvements du cœur, c'est en restituant aux centres nerveux leurs propriétés excito-motrices. Mais, à cela il est facile de répondre que cet effet bienfaisant de la respiration artificielle se produit alors même que la moelle épinière est détruite et les nerfs cardiaques coupés; que, par conséquent, il doit être attribué à l'action excito-motrice que le sang, remis en circulation par les mouvements *diasto-systoliques* imprimés aux poumons, exerce sur l'endocarde.

On peut soutenir que le système nerveux ne reste pas étranger à ce mécanisme auquel il participe par les ganglions nerveux du cœur et les nerfs qui en émergent. Cette assertion sur laquelle je reviendrai, je pense qu'elle est fondée sans toutefois croire qu'elle constitue une condition *sine quà non* des mouvements du cœur. En effet, dans l'empoisonnement par le curare où l'action des nerfs moteurs sur les muscles est momentanément suspendue, et où la mort arrive par cessation des mouvements respiratoires par suite même de cette suspension, est-ce que la respiration artificielle ne ranime pas les battements du cœur en forçant le sang contenu dans les poumons à circuler dans le cœur gauche et à exciter ses contractions? Dans ce cas qu'elle est l'action nerveuse motrice qui pourrait être invoquée?

De plus, est-ce que la pointe du cœur qui ne contient ni ganglions, ni nerfs ne continue pas à battre rythmiquement sous l'influence de courants induits à interruptions fréquentes ou de courants continus? A ce fait observé par Eckhard, Heidenhain, et cité par Beaunis, j'ajoute d'après le même auteur, celui constaté par Bowditch qui prend un cœur isolé de grenouille, lie le ventricule sur une canule un peu au-dessous du sillon auriculo-ventriculaire de manière à interrompre sa communication avec les ganglions, attend l'arrêt de ses battements et les réveille en y introduisant du sang défibriné ou d'autres substances comme la delphinine (1).

En présence de ces faits où les contractions du cœur se manifestent en l'absence d'innervation, il faut bien admettre qu'il possède le principe de ses mouvements dans les propriétés de ses fibres musculaires.

S'il en est ainsi, et l'on ne saurait en douter, le mode d'action des excitants du cœur consisterait dans une excitation agissant sur sa fibre musculaire à la manière d'autres excitants appliqués sur les amibes ou sur les muscles. Il y a toutefois des différences à noter. Ainsi, tandis qu'une excitation locale portée sur un muscle limite seulement son effet au voisinage de la région touchée, celle appliquée sur le cœur se généralise à tout un ventricule, à moins qu'elle n'ait lieu à un moment déjà éloigné de la mort de l'animal. Cette différence s'explique par la structure de ce viscère dont les fibres musculaires anastomosées permettent, en raison de ces anastomoses, la diffusion de l'excitation.

(1) Beaunis, *Éléments de Physiologie*, 2e édition, p. 1253 et 1254.

D'après Engelmann, si on découpe un ventricule en plusieurs portions restant reliées entre elles en ménageant des ponts de substances musculaires, et que l'on excite l'un des fragments, l'excitation se communique aux autres fragments par l'intermédiaire des ponts conservés (1).

Une autre différence c'est que la contraction du cœur est brusque et instantanée. Ceci qui est dû, d'après les expériences de Marey, à ce que la systole cardiaque ne comprend qu'une seule *secousse* musculaire beaucoup plus longue que celles des muscles striés.

Les excitants cardiaques provoquent la systole soit qu'on les applique sur le péricarde, l'endocarde ou le mésocarde. Mais les contractions sont plus intenses lorsqu'ils agissent sur l'endocarde. Ce fait résulte de la structure de cette délicate membrane, et sans doute d'une disposition anatomique qui doit favoriser l'action excitante du sang : ce sont les colonnes charnues qui tout en permettant au cœur en systole d'effacer ses cavités sans plissement, ont pour effet de développer la surface excitable.

Enfin, il faut tenir compte aussi, au point de vue du degré de l'excitation, de la distension des cavités cardiaques. Il est certain qu'un ventricule très dilaté se contracte plus énergiquement que celui qui l'est peu, à moins qu'à force de se répéter la dilatation n'ait épuisé le myocarde par allongement et fatigue des fibres musculaires, ou qu'il se soit laissé distendre par suite de dégénérescence ou autre lésion.

Tout en exposant ces faits, je me propose de revenir plus bas sur cette question des excitants du cœur, et d'examiner si, outre la sensibilité consciente de l'endocarde qui relie ce viscère aux centres nerveux, cette membrane ne possède pas une sensibilité inconsciente agissant sur les ganglions cardiaques, constituant *un appareil de perfectionnement* de nature à provoquer par voie réflexe la contraction du myocarde ?

(1) Beaunis, *loc. cit.*, p. 1255.

CHAPITRE III

CONSIDÉRATIONS PLESSIMÉTRIQUES SUR LES LIMITES DES CAVITÉS CARDIAQUES ET DES GROS VAISSEAUX APPLIQUÉES AUX RECHERCHES SUR LES CAUSES DES MOUVEMENTS DU CŒUR ET SUR SON INNERVATION.

§. 13. — *L'emploi de la plessimétrie est absolument indispensable dans ce genre de recherches.*

Pour démontrer que les mouvements du cœur et tout ce qui s'y rattache, tels que l'accélération, le ralentissement, l'arrêt, le rythme, l'arythmie, la force, la violence, la faiblesse, sont subordonnés principalement à la façon dont s'opèrent son alimentation et son débit, il faut nécessairement prouver que ces mouvements, ainsi que leurs nombreuses modifications, sont la conséquence de changements survenus dans le volume des cavités cardiaques et de quelques-uns des gros vaisseaux avec lesquels elles communiquent. Or, ces changements, qui sont très variables et bien divers, ne peuvent être bien observés que sur le vivant, et constatés qu'au moyen d'une plessimétrie très précise.

Cette plessimétrie a pour objet de bien déterminer la situation du cœur, de tracer exactement sur la peau la limite de ses cavités et celle de quelques gros vaisseaux ; ensuite, de s'assurer, par le même mode d'investigation, sous quelles influences physiques ou morales elles se dilatent ou se resserrent ; et quels sont les effets qui en résultent à l'égard des battements du cœur.

Ceci me ramène à parler de nouveau de la percussion.

§ 14. — *Importance de la plessimétrie actuellement négligée à tort.*

La plessimétrie est négligée. Cet abandon est d'autant plus regrettable qu'il expose les praticiens à de grosses erreurs de diagnostic, et les prive de nombreuses et précieuses notions.

Dans mes *recherches sur les lois de la circulation pulmonaire*, etc., je me suis livré à quelques considérations sur le plessimétrisme en général et sur la cardiométrie en particulier. J'y reviens, d'abord parce que mes recherches sont en partie basées sur la précision que j'ai acquise dans ce mode d'exploration, et qu'elles peuvent être facilement contrôlées par les médecins qui sauront s'en servir habilement. En second lieu, parce que je suis convaincu qu'il est très peu de médecins qui sachent bien percuter et surtout tracer sur la peau, par ce moyen, la limite exacte des organes. Cette conviction est basée sur de nombreux faits que je m'abstiens de raconter. Aux médecins qui douteront de mes assertions je leur réponds : Prenez un cadavre, tracez sur la peau au moyen de la percussion, les limites des poumons, du cœur, des gros vaisseaux, du foie, de la rate, des reins; enfoncez des carrelets sur ces limites ; ouvrez le cadavre, regardez où ils sont placés et dites-moi si vous ne vous êtes pas retirés, confus et désappointés ! Aussi, Piorry, qui savait à quoi s'en tenir, ne voulait pas d'expériences sur le cadavre. Que ceux qui voudront en faire — ce qui est le vrai moyen de se former à la pratique de la plessimétrie — commencent par les exécuter sans témoins; ils éviteront, tout en recherchant les causes de leurs insuccès, de pénibles sacrifices d'amour-propre.

Ceci ne veut pas dire que la plessimétrie soit un art difficile ; mais, c'est un art qui demande, comme tout ce qui touche à l'éducation des sens et des mouvements, beaucoup d'attention et d'exercices. Si les médecins en général laissent à désirer sous ce rapport, cela tient à ce qu'aujourd'hui, dans l'enseignement, ce mode d'exploration est délaissé. Depuis nombre d'années on s'occupe surtout, dans les milieux scientifiques, de la recherche des infiniments petits et des moyens de leur faire la guerre. Dieu me garde de penser mal à cet égard des savants dont les laborieuses et les patientes recherches ont élargi le domaine des sciences biologiques pour le grand profit de l'humanité. Mais il me sera bien permisde dire que la gent médicale ressemble bien aux moutons de Panurge. Entraînée par la mode des courants microbiens et sérothérapiques, elle ne voit que microbes et sérums ; la tradition n'est rien pour elle ; les trésors d'observations accumulées depuis des siècles ne comptent plus ; pas davantage les nombreux modes d'investigation qui font l'honneur de la clinique française et, sont malgré leur importance, considérés comme des vieilleries indignes d'attention. Aussi, que d'erreurs de diagnostic commises même par des médecins qui passent pour instruits ! J'en ai vu méconnaître une pleurésie avec un épanchement dont il était possible de faire varier le niveau par les changements de situation imposés au malade ; d'autres prendre pour des coliques hépatiques un point de côté éprouvé par un sujet succombant asphyxié par une pleuro-pneumonie double. Un troisième, qui n'est pas sans valeur, traitait un malade pour une pneumonie infectieuse. Appelé en consultation je vois un sujet qui se meurt de la peur de mourir, et ne présente ni fièvre ni aucun signe de pneumonie. Je le rassure, lui conseille de se lever, de boire et de manger convenablement. Au bout de quelques jours il fut bien forcé de convenir qu'il n'avait pas été malade comme il l'avait craint, et que le tout s'était borné à un simple rhume.

Mais le médecin ordinaire, qui ne l'entendait pas ainsi, avait envoyé ses crachats dans un institut bactériologique. Il me montre triomphalement la réponse en disant : Vous avez nié la pneumonie infectieuse, et cependant il y a des pneumocoques dans les crachats.

Vous aussi, mon cher confrère, vous en portez, lui dis-je,

dans votre salive sans être atteint de pneumonie infectieuse ; et, puisque vous faites si bon marché des signes que nos grands maîtres nous ont fournis pour le diagnostic des maladies de poitrine, à quand la découverte du microbe qui vous permettra de diagnostiquer une fracture de l'os de la cuisse sans palpation !

Ces faits et une foule d'autres que l'on pourrait citer, montrent l'étroitesse de vues que la jeune génération médicale apporte dans l'exercice de la médecine. Elle ne voit pas qu'en subordonnant, dans une foule de cas, le diagnostic des maladies à l'examen bactériologique des pharmaciens qui déjà se sont emparés du traitement, elle abdique son indépendance scientifique et professionnelle pour se faire la pourvoyeuse des officines où sombrera sa dignité.

Aussi, j'adjure les professeurs de Clinique, les médecins des hôpitaux, tous ceux chargés de l'enseignement clinique, de réagir contre un engouement qui pousse les jeunes médecins à ne s'occuper que des infiniments petits et à dédaigner l'étude des phénomènes parfaitement tangibles.

Ce n'est pas faire preuve de sagesse que de s'enthousiasmer pour de nouveaux moyens de diagnostic et traitement quelle que soit leur valeur, et d'abandonner ceux dont l'importance et l'utilité ont été démontrées par une longue expérience. Le véritable esprit scientifique, tout en acceptant avec empressement les découvertes modernes, ne délaisse jamais rien de ce qui a subi le *criterium* de l'expérience ; il accepte tous les modes d'investigation avec lesquels il s'efforce de se familiariser, il les classe et les utilise, le cas échéant, selon leur importance et leur convenance.

En ce qui concerne la plessimétrie, on peut soutenir, sans hésitation, que c'est le mode d'exploration le plus important, et celui dont l'emploi se fait le plus souvent sentir. En effet, dans nombre de maladies les lésions consistent dans de nombreuses modifications organiques portant sur des changements dans la situation, la forme, le volume, le contenu, la densité, la mobilité et le fonctionnement des organes. Quel est, en dehors de la plessimétrie, le mode d'investigation qui pourrait renseigner le clinicien sur toutes ces modifications? Je ne le vois pas !

§ 15. — *De la percussion digitale, Des plessimètres et plessolimite. De la clef organique et du phonendoscope.*

Par percussion digitale j'entends celle qui se pratique au moyen d'un doigt exactement appliqué par sa face palmaire sur la région que l'on veut percuter, et d'un autre qui frappe, par son extrémité libre, sur la face dorsale du premier. En général, on fait usage des deux médius. Ce mode de percussion médiate donne des résultats satisfaisants, ainsi que je l'ai dit à la page 49 de mes *Recherches sur les lois de la circulation pulmonaire,* etc. Bien que j'aie fait construire des plessimètres de diverses formes, je me sers souvent du doigt; si souvent que la phalangine du médius percuté présente, près de son articulation avec la phalangette, une dépression qui peut constituer un nouveau signe professionnel.

Je m'en sers pour constater l'état physique des poumons, des plèvres, le volume du foie, de la rate, l'état des viscères abdominaux, etc. Mais, lorsqu'il s'agit, comme dans mes recherches physiologiques, d'obtenir une grande précision, de tracer exactement sur la peau la limite d'un organe, alors j'ai recours au plessimètre. Ceci devient une nécessité facile à comprendre si l'on veut bien se rappeler que les organes sont juxtaposés ou seulement séparés par de minces membranes. Pour tracer sur la peau, au moyen de la percussion, la ligne qui répond à leur plan de juxtaposition, on ne peut y arriver que par les différences de son et de résistance au doigt, fournies par les organes percutés. Ces différences ne sont nettement tranchées qu'autant que l'on passe complètement de la limite d'un organe sur celle de celui qui lui est contigu. Ceci n'est possible qu'à la condition que la surface percutée sera tellement étroite que quand elle cesse de répondre à l'organe, primitivement exploré, elle soit immédiatement au niveau et sur la limite de son voisin. Or, pour arriver à ce résultat il faut nécessairement que l'instrument sur lequel on percute ne presse que sur une surface étroite de la peau. Le doigt et les divers plessimètres à plaque d'ivoire inventés par Piorry, Cros, etc., ne remplissent pas ces conditions. Le plessigraphe de Peter s'en rapproche, mais d'une façon insuffisante.

C'est dans le but de me conformer aux conditions précitées, que j'ai fait construire le plessimètre à cloison, figuré par le Dr M. Jeannel dans son *Traité de l'Arsenal du diagnostic médical* ; puis ensuite le plesselimite représenté dans un ouvrage récent (1).

Ces instruments m'ont permis d'apporter une précision étonnante dans le tracé des limites viscérales. Toutefois, comme tout perfectionnement est susceptible d'en recevoir un autre, j'ai eu dernièrement l'occasion de faire mieux par l'usage fortuit d'une simple clef. Ayant remarqué la netteté des différences de sensations que l'on éprouve avec cet instrument, en passant de la limite d'un organe sur celle de son voisin, j'ai fait construire, en fonte malléable, une clef sans panneton, longue de 8 centimètres et dont l'extrémité supérieure ou tête offre un renflement à surface légèrement excavée. L'extrémité inférieure présente sur la convexité de l'anneau une surface étroite, surface vibrante mesurant à peine en largeur un millimètre, longue de six et dont les extrémités s'élargissent en se relevant. Pour éviter la douleur causée par la pression de la partie convexe de l'anneau, l'une des moitiés fait corps avec une petite plaque de la grandeur d'une pièce de cinquante centimes présentant par sa surface libre un léger relief répon-

(1) *Recherches sur les lois de la circulation pulmonaire*, etc., Masson, Paris 1895

dant à l'anneau (Voir fig. 1). Par suite de ces dispositions je reconnais à cet instrument les avantages suivants :

1° Le choc percuteur s'exerçant sur une surface cutanée très étroite répond *aux desiderata* exprimés plus haut :

2° La douleur que peut causer une pression exercée sur une partie étroite de la peau peut être évitée en appliquant la plaque de l'instrument sur la peau, tout en ayant la facilité de tracer les limites par des points faits au crayon dermographique à l'angle que la portion libre de l'anneau fait avec le bord droit de la plaque.

3° Il permet de percuter au niveau des espaces intercostaux sans causer de douleur :

4° C'est un excellent conducteur des mouvements vibratoires. En outre, il a cet autre avantage d'être d'un prix peu élevé.

Enfin, comme la meilleure dénomination d'un instrument est celle qui donne les notions les plus complètes sur sa forme et son usage, je désigne celui-ci sous le nom de *Clef organique*, en raison de sa forme qui rappelle celle d'une clef, et parce qu'il est un excellent moyen — le plus parfait et le plus complet jusqu'à ce jour — pour connaître un grand nombre d'états, normaux ou anormaux, de beaucoup d'organes internes.

Tout en signalant les avantages de la *Clef organique*, je tiens essentiellement à dire un mot du phonendoscope qui a fait beaucoup de bruit en France.

Aussitôt que j'ai eu connaissance de cet instrument inventé par M. le professeur Bianchi de Parme et M. Bozzy, professeur de Physique à Florence, je me le suis procuré. J'en ai fait usage, avec la pensée d'avoir en main un mode d'investigation plus précis, tout en me basant sur les indications contenues dans le remarquable rapport du savant docteur Besnier (1).

Des expériences auxquelles je me suis livré, je dois dire

(1) Rapport de M. le docteur Besnier à la Société de Médecine de Paris, sur la candidature de M. Bianchi de Parme. France médicale, n° 26, année 1896.

Pl: I

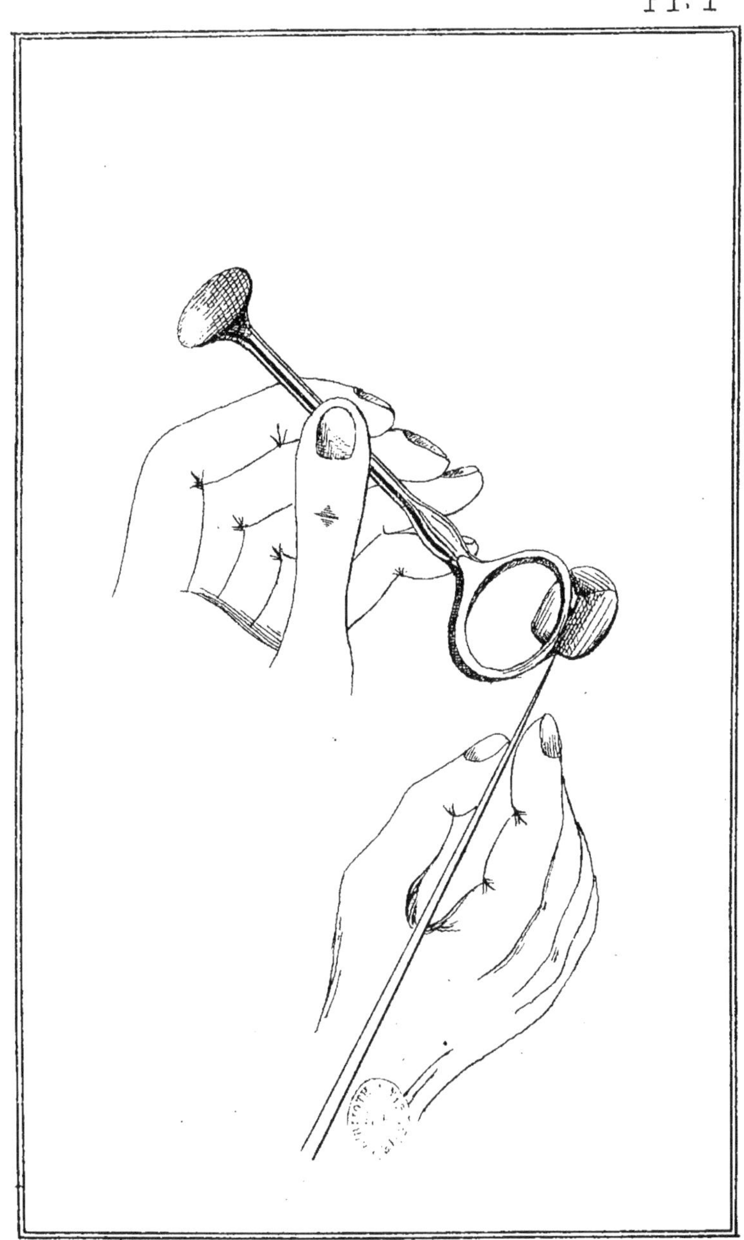

d'abord, que je ne m'associe ni à l'enthousiasme des uns, ni à l'indifférence des autres.

Le *phonendoscope*, par ses propriétés amplificatrices des vibrations sonores, permet, lorsque sa tige exploratrice est appliquée sur la peau au niveau de l'organe à explorer, de tracer les limites de cet organe à l'aide de frottements cutanés exercés par la pulpe du doigt dans le voisinage de la tige. Cette limite est indiquée par la cessation brusque des vibrations et par conséquent du bruit.

La constatation de ces faits s'observe toutes les fois qu'il s'agit de limiter un organe dans les parties de son contour en contact *immédiat* avec la face interne des parois du tronc. Ainsi, on limitera avec cet instrument les bords antérieurs et inférieurs des poumons, les scissures interlobaires, le bord inférieur du foie, un peu plus de la moitié inférieure du pourtour de la rate, le gros intestin, l'utérus développé, quelques tumeurs abdominales. Mais, lorsqu'il s'agit de limiter le pourtour d'organe en contact médiat avec les parois thoraciques ou abdominales, je suis forcé de reconnaître que le phonendoscope ne fournit pas de renseignements aussi précis. Appliqué sur la rate, il ne permet pas de tracer par le frottement les limites de la portion de ce viscère recouverte par le poumon, comme avec le plesselimite ou la clef organique.

Il en est de même pour la limite supérieure du foie. Pour le cœur c'est bien autre chose. Lorsque l'on applique la tige au niveau du ventricule gauche, les frottements exercés sur la peau diminuent d'intensité aussitôt que l'on arrive sur la lame pulmonaire recouvrant le cœur. Quand on dépasse la limite du ventricule précité, il est possible, chez certains sujets, de trouver une légère nuance dans l'intensité du son ; mais chez la plupart, on n'observe aucune différence permettant d'assurer que la tige a dépassé la limite de l'organe exploré. J'en dirai autant de l'oreillette droite et de la crosse de l'aorte, tout en faisant remarquer que, dans l'exploration des organes thoraciques, il faut tenir compte du lieu où est appliquée la tige.

Si elle l'est sur le sternum ou sur les côtes, le frottement s'exerçant au niveau de ces os, s'entendra à plus grande distance que s'il avait lieu sur la peau répondant aux espaces intercostaux, ou après application de la tige sur ces espaces. Quant à la limite de l'oreillette gauche, il est impossible de la tracer en arrière, avec le phonendoscope, en raison de l'épaisseur des parois qui la recouvre. La chose est d'ailleurs facile à vérifier de la façon suivante : je prends une table dont le dessus mesurant trois centimètres d'épaisseur, repose sur des traverses d'un centimètre et demi. En percutant le dessus de table avec le plesselimite ou la clef organique, il m'est facile de limiter *exactement* les parties situées sur les traverses, tandis qu'avec le phonendoscope, la chose est impossible. — Ceci se comprend en réfléchissant qu'avec cet instrument nous n'avons, comme renseignements, que des différences de *son*, tandis qu'avec la percussion exercée médiatement, soit par l'intermédiaire du doigt, des plessimètres, plesselimite ou clef organique, on a en plus la différence de *résistance* imprimée à la pulpe du doigt percuteur, par la différence de densité des organes percutés ; ce qui constitue la meilleure et la plus importante notion donnée par la percussion. C'est, d'ailleurs, ce qu'a fait remarquer en excellents termes, M. le docteur Durozier, à la société de Médecine de Paris dans la séance du 13 janvier 1896, en disant que le son n'est pas tout dans la percussion, et que celle-ci est de la palpation profonde. Cette réflexion est si vraie qu'il m'est arrivé souvent de tracer exactement la ligne des organes tout en me bouchant les oreilles.

D'ailleurs, chaque fois que je trace la limite d'un organe c'est à la différence de résistance que je m'en rapporte, attendu que le toucher me fournit des différences de sensation dans des cas où je n'en éprouve pas avec le sens de l'ouïe. En résumé, ce qui pour moi fait la supériorité de la percussion c'est que, dans ce mode d'exploration, on fait usage des sens du toucher et de l'ouïe, tandis qu'avec le phonendoscope il n'y a que ce dernier qui entre en activité. — C'est une erreur de prétendre que la phonendoscopie est une combinaison de l'auscultation et de la percussion : la preuve c'est que le frottement de la peau avec le doigt ne fournit au toucher aucune notion limitative, et peut être remplacé par un corps solide, sans que cette substitution nuise aux résultats de l'auscultation.

Le sentiment que j'exprime a été partagé par le Dr Desplats, doyen de la faculté libre de Lille. Ce très distingué clinicien m'ayant fait l'honneur de me demander quelques conseils sur ma pratique plessimétrique, nous avons fait ensemble usage du phonendoscope dont il se disait le partisan. — Après avoir soumis son emploi à un examen critique il a dû reconnaître qu'il ne répondait pas à tous les avantages que lui attribue M. Bianchi.

Contre ces réflexions, l'on peut m'objecter les expériences de Bianchi. Quant à celles contrôlées par la percussion, je ne pense pas qu'elles doivent être acceptées sans réserves, attendu que la phonendoscopie étant présentée par son auteur comme un mode d'exploration supérieur à la percussion, il n'est pas admissible que, pour établir sa supériorité, l'inventeur ait recours à un moyen de contrôle qu'il estime inférieur et insuffisant.

Je sais qu'il est des médecins qui prétendent que dans la plessimétrie, c'est la différenciation des *qualités* du son qui est la base de cette exploration. C'est l'opinion de l'auteur d'un article sur le phonendoscope publié dans le *Correspondant médical*, n° du 15 décembre 1896, et dans lequel il invoque celle du Dr Lagrange (Rev. des mal. de la nutrition, 1896, p. 219). Cet article, loin de modifier ma manière de voir sur la phonendoscopie, ne fait que la confirmer : d'abord, parce que je constate que les médecins qui veulent comparer ces deux méthodes et reléguer la plessimétrie au second plan, feraient bien de commencer par se familiariser avec ce mode d'investigation ; ensuite, parce que les organes représentés dans les figures de l'article précité sont loin d'avoir la situation et leurs formes normales ; enfin, parce que, quand bien même je ne serais pas fixé sur ce point par l'expérience, il n'est pas possible de comprendre comment, dans le cas où un organe est interposé entre les parois du tronc et l'organe exploré, les vibrations causées par le doigt agissant sur la peau se transmettraient, par l'intermédiaire de l'interposé, à l'*exploré* et de ce dernier au bouton du phonendoscope, alors que ces vibrations ne peuvent suivre la même route en sens opposé, puisqu'il est reconnu par l'inventeur qu'il faut que le bouton soit toujours placé au niveau d'une partie de l'organe en contact immédiat avec les parois du tronc. Or, si un organe est capable de communiquer à celui qu'il recouvre les vibrations qu'il reçoit du dehors, pourquoi ne pourrait-il pas transmettre au dehors les vibrations qui lui viennent de l'organe recouvert? Qu'un corps solide soit mis en vibration par un choc porté sur l'une quelconque de ses extrémités, il ne les transmettra pas moins à l'extrémité opposée.

Il n'en est pas de même des expériences pratiquées sur le cadavre. Celles-ci sont le *vrai criterium*. Il est dit dans le rapport du Dr Besnier que les limites tracées sur la peau correspondaient bien aux limites réelles des organes explorés; mais il n'est pas dit comment cette correspondance a été établie ? — Est-ce seulement avec le sens de la vue ; ou bien l'expérimentateur a-t-il placé préalablement sur ses tracés, des carrelets enfoncés complètement dans les cavités thoraciques et abdominales ? A-t-il ensuite ouvert ces cavités, mis les organes à nus sans déplacer les carrelets, et constaté qu'ils entouraient exactement l'organe limité ?

S'il a procédé ainsi et obtenu les résultats que j'indique, comme je l'ai si souvent fait, notamment dans les hôpitaux de Paris en 1863, en présence de plusieurs professeurs, de nombreux médecins et élèves, alors je proclamerai l'excellence de sa méthode dans tous les cas qui relèvent de la percussion. Mais, jusqu'à ce qu'il me soit bien prouvé que *cette démons-*

tration a été faite comme je l'indique, je continuerai à considérer le phonendoscope comme un excellent instrument, pouvant fournir bien des données sur l'état des organes, mais insuffisant dans nombre de cas où la percussion seule peut nous renseigner. Je fais ces remarques tout en ne méconnaissant pas que, par l'exercice et l'habitude, il est des hommes qui savent tirer de l'usage d'un instrument des résultats exceptionnels. Heureux M. le professeur Bianchi s'il appartient à cette classe de savants dont parle Franklin en disant : « Ils sont capables de scier avec une vrille et de percer avec une scie. »

§ 16. — *De la plessimétrie des cavités cardiaques et des gros vaisseaux qui s'y abouchent. Crosse et hémomètre aortiques. Artère et hémomètre pulmonaires,*

Les poumons sont les traits d'union fonctionnels entre les deux cœurs. — Pendant la vie extra-utérine le sang qui sort du cœur droit traverse les poumons avant d'arriver au cœur gauche. Chez l'adulte, il passe en moyenne quinze litres de sang par minute. Par suite de l'importance de ce mouvement sanguin on comprend facilement qu'un embarras de la circulation pulmonaire, même léger, se traduise à la fois par une dilatation du cœur droit et de l'artère pulmonaire; par une diminution du cœur gauche et de l'aorte, et réciproquement si la circulation devient facile.

De plus, les deux cœurs sont situés chacun à l'une des extrémités du grand cercle circulatoire : le droit à l'extrémité finale du système veineux en reçoit le sang qu'il débite dans les poumons. Un excès dans l'alimentation du cœur droit, ou un obstacle à son débit dans les poumons, ont pour effets de dilater l'oreillette et le ventricule ainsi que l'artère pulmonaire. Un défaut d'alimentation ou une facilité de débit produisent des effets contraires. Il en est de même pour les cavités du cœur gauche et l'aorte.

Normalement, ces diverses cavités conservent entre elles dans leur volume, ainsi que les gros vaisseaux, un équilibre qui ne varie pas apparemment. Il n'en est plus de même sous l'influence d'un grand nombre de causes physiques ou morales. Alors il se produit presque instantanément une rupture d'équilibre, dans le volume des cavités cardiaques et des gros vaisseaux, qui s'accuse par la dilatation des unes et le resserrement des autres, et aussi par des modifications nombreuses et frappantes dans les battements du cœur.

Le seul moyen de constater ces changements de volume consiste dans la percussion ou cardiométrie. J'ai montré dans un précédent travail (1) que normalement le cœur avec ses gros vaisseaux répond au *triangle cardiaque* formé : 1° par la *ligne mamelo-claviculaire droite* qui, partant de l'extrémité interne de la clavicule droite, passe par le mamelon gauche ; 2° Par la *ligne mamelo-costale gauche* qui part du *mamelon droit* et se dirige vers un point situé verticalement au-dessous du mamelon gauche à une distance de 6 ctm. 1/2 à 7 ctm. Cette ligne répond à la limite du ventricule droit.

3° Par la *ligne vertico-auriculaire droite* située parallèlement à environ 5 ctm. de la *ligne médico-sternale*. Cette ligne qui forme la tangente de la limite de l'oreillette droite, est souvent portée à droite par la dilatation de cette cavité.

4° Que la base des ventricules répond généralement à une ligne réunissant les extrémités antérieures du troisième espace intercostal gauche et du cinquième droit ; *ligne sternale oblique*.

Outre ces indications j'ai récemment tracé par la percussion, sur un jeune homme de 24 ans, taille moyenne, tempérament sanguin et sortant de dîner, les limites des cavités cardiaques et des gros vaisseaux. Ces limites sont reproduites exactement sur la PL. II.

On y voit le triangle cardiaque dans lequel se trouve la

(1) *Coc. cit.*, p. 56.

R.U.S. *Triangle cardiaque*
F *Fourchette du Sternum*
CC *Clavicules*
MS *Ligne medio-sternale*
E² *2ᵉ espace intercostal droit*
E³ *3ᵉ espace intercostal gauche*
VG *Limite du ventricule gauche*
VD *Limite du ventricule droit*
OD *Limite de l'oreillette droite*
H *Limite supérieure du foie*
AP *Artère pulmonaire*
CA *Crosse de l'aorte*
T *Tronc brachio-céphalique*
CV *Cloison interventriculaire*
X *Creux artério-aortique*
O *Tangente de l'oreillette droite*
A *Tangente de la crosse de l'aorte*

R C F C NS T A CA E² X AP O E³ VG OD H CV U VD S

figure du cœur. La limite de l'OD est représentée par la ligne O qui lui est tangente. Cette limite passe chez ce sujet sanguin et venant de dîner, à 5 ctm. 1/2 de la ligne MS. Pour les mêmes raisons la limite du ventricule gauche se trouve un peu en dehors du triangle cardiaque. Celle du ventricule droit D repose sur la ligne mamelo-costale gauche et sur la limite supérieure du foie H.

La crosse de l'aorte CA passe à trois ctm. de la ligne MS. Cette distance, variable, est en moyenne de 2 ctm. 1/2 à 3 1/2. En dehors des causes qui, chez un même sujet, font varier d'un instant à l'autre le volume de ce vaisseau, il en est d'autres qui tiennent à l'âge, au sexe, à la taille, au tempérament, aux professions et à diverses maladies. Ainsi, la tangente A qui répond au *grand sinus de l'aorte* est éloignée davantage de la ligne MS chez l'homme que chez la femme, chez l'adulte que chez l'adolescent, chez le vieillard que chez l'adulte, chez l'individu sanguin, buveur, ou habitué à faire des efforts, que chez ceux qui se trouvent dans des conditions opposées.

Parmi les causes qui font varier d'un instant à l'autre la distance qui sépare la tangente aortique de la ligne MS, il faudrait citer toutes celles qui augmentent ou diminuent la pression artérielle. Comme ces causes sont nombreuses et doivent être interprétées, leur étude en sera faite en son temps.

Ce qu'il importe d'expliquer en ce moment c'est le mécanisme des mouvements de l'aorte, qui font que tantôt sa tangente s'éloigne ou se rapproche de la ligne MS. S'il est un fait bien démontré aujourd'hui c'est la dilatation des artères et leur locomotion sous l'influence de la pression sanguine. Ce fait s'observe surtout dans les grosses artères qui sont très élastiques, et dont les parois contiennent peu de fibres musculaires. La dilatation s'explique facilement comme celle d'un tube en caoutchouc distendu par son contenu; il en est de même de la locomotion. Ce phénomène est aussi la conséquence de la distension des parois artérielles dans le sens de la longueur; c'est une élongation. Quand cette élongation se produit dans une artère dont les extrémités sont forcées de rester en place, il faut nécessairement que cette artère subisse des courbures, ou que celles dont elle est déjà le siège s'exagèrent. Or, parmi l'ensemble des vaisseaux artériels, la crosse de l'aorte est la partie qui remplit les conditions les plus favorables à la dilatation et à la locomotion. J'ai constaté que la crosse de l'aorte du bœuf augmente de moitié en circonférence et en longueur sous l'action d'une pression intérieure de 20 ctm. de Hg. Sous la même influence sa courbure augmente et se porte en dehors de sa situation ordinaire. Sur le cadavre, il suffit d'injecter ou d'insuffler la portion pectorale de l'aorte pour voir la crosse se dilater et s'éloigner beaucoup de la ligne médio-sernale, tandis qu'elle s'en rapproche lorsque la pression intérieure disparaît. En présence de ces faits il est facile de comprendre comment, chez l'homme, les variations de la pression artérielle font varier la situation de la tangente aortique. Il m'est arrivé souvent de constater, lorsque la pression artérielle devient faible ou nulle comme dans la syncope, que cette tangente n'est plus qu'à un centimètre de la ligne médio-sternale, tandis que quand le sujet revient à lui par le relèvement de cette pression, la tangente aortique s'écarte de la médio-sternale de 3 à 4, quelquefois 5 ctm., et même davantage dans les cas où le sinus de Valsava s'est dilaté sous l'influence d'ondées sanguines fortes et répétées, comme cela arrive à la suite d'efforts fréquents ou par les progrès de l'âge.

Ce mouvement locomoteur de la crosse aortique est facile à observer par la percussion, d'autant mieux qu'il s'exerce dans une certaine étendue. Aussi, je le considère comme un signe qui me permet de juger facilement, d'*une façon relative*, des changements si nombreux que la pression artérielle subit, d'un instant à l'autre, sous l'action de causes bien diverses; et je n'hésite pas à désigner la crosse de l'aorte sous le nom d'*hémomètre aortique*.

Sur la même figure, on voit l'artère pulmonaire AP. Elle commence au niveau du quatrième cartilage costal gauche, remonte verticalement sous la crosse de l'aorte où elle se divise. Ces deux vaisseaux se regardent et s'embrassent par leur concavité. Toutefois, ils laissent entre eux un certain espacement occupé par du tissu cellulo-graisseux répondant à la ligne MS, et situé principalement au niveau de la portion du sternum s'articulant avec le troisième cartilage costal. Cet espacement que je désigne sous le nom de *creux artério-aortique*, augmente surtout en largeur lorsque les deux vaisseaux se dilatent. Ce fait est facile à comprendre en se rappelant que ces deux canaux ne peuvent se dilater qu'en s'éloignant de leurs centres de courbures qui s'accentuent, et par conséquent en s'écartant l'un de l'autre. Lorsqu'il n'y a qu'un seul vaisseau qui se dilate, l'écart se fait de son côté.

Par suite de cette disposition le mouvement dilatateur de l'artère pulmonaire ne peut s'opérer, comme celui de l'aorte, que du côté de sa face externe. Dans ce cas, la légère convexité que l'artère pulmonaire offre à gauche s'accentue, et sa tangente s'éloigne de la ligne medio-sternale. Ce fait se constate facilement au moyen de la percussion pratiquée au niveau du troisième espace intercostal gauche et de la troisième côte. En percutant à ce niveau et en ramenant peu à peu la plaque de l'instrument vers la ligne MS, on rencontre au doigt percuteur une résistance, signe de la limite externe de l'artère pulmonaire. Ordinairement la ligne qui répond à cette limite se trouve à une distance de 2 ctm. 1/2 à 3 de la ligne MS.

Lorsque l'examen a lieu sur un individu ayant fait beaucoup d'efforts ou toussé fréquemment et dont la circulation pulmonaire a été souvent embarrassée, j'ai constaté que l'artère pulmonaire était dilatée et que sa limite externe passait à 4 et même 5 ctm. de la ligne MS. Sous ce rapport, mes recherches plessimétriques concordent parfaitement avec les observations cadavériques. « L'artère pulmonaire, écrit Portal, l'emporte souvent en grosseur sur le tronc de l'aorte dans les personnes qui ont éprouvé des maladies avec difficulté de respirer, comme les asthmatiques, les phthisiques, les pleurétiques et même ceux qui ont fait de grands efforts pour lever des fardeaux, dans les rixes, en allant à la garde-robe, en jouant des instruments à vent, etc. (1) »

Ce fait est dû à une élévation de la pression sanguine dans l'artère pulmonaire, et surtout à un remous du sang vers les valvules sygmoïdes de cette artère.

Les variations de volume de l'artère pulmonaire sont faciles à provoquer et à constater. Il suffit de faire suspendre la respiration d'un individu, ou de l'engager à tousser, ou qu'il fasse un effort, pour que la limite de ce vaisseau s'éloigne de la ligne MS à plus de 5 ctm., ainsi que je viens de l'observer à diverses reprises sur un sujet atteint de bronchite chronique passée à l'état aigü.

En raison de la dilatation rapide de l'artère pulmonaire, même sous l'influence d'un léger obstacle apporté dans la petite circulation, et de la facilité de s'assurer de ses variations de volume, je la qualifie du nom d'*hémomètre pulmonaire.*

Quant au creux artério-aortique il est facile à trouver. L'on commence par percuter le sternum par le haut en descendant jusqu'au moment où la résistance indique que l'on est au niveau de la face supérieure de la crosse de l'aorte ; on fait de même inférieurement tout en remontant et en s'arrêtant à l'instant même où la résistance indique que l'on est arrivé sur la face concave de cette artère. Au-dessous, se trouve le creux précité répondant au niveau du 3e cartilage costal. On le reconnaît à la percussion par la sonorité et la diminution de la résistance. En portant le plesselimite à droite et à gauche on rencontre vite la résistance et la matité des deux artères. Ce qu'il y a de plus remarquable c'est, ainsi que je l'ai dit plus haut, qu'il est facile d'étendre, surtout en largeur, cette surface ovalaire par la dilatation de ces deux vaisseaux ; ou à droite ou à gauche suivant que l'on fait dilater l'un ou l'autre.

(1) *Anatomie médicale*, t. III, p. 137, Paris, 1803.

Les limites de l'oreillette gauche se tracent par la percussion dorsale. On compte d'abord les vertèbres dorsales en commençant au-dessous de la proéminente, et l'on fait une croix sur l'apophyse épineuse de la 7e qui correspond au niveau de cette oreillette. On trouve sa limite supérieure en percutant la colonne vertébrale de haut en bas. Aussitôt que le talon du *plesselimite* ou l'anneau de la *clef organique* arrive sur cette cavité on éprouve au doigt une résistance nettement tranchée. Pour la limite inférieure on procède en sens inverse. La hauteur de l'oreillette gauche est moyenne de 5 ctm. Elle peut s'élever jusqu'à 8 et même 9 cent. et descendre à 3 ctm. 1/2. Les changements de volume s'observent à sa partie supérieure. Inférieurement, cet organe reposant sur le centre phrénique sa limite ne subit pas de changements bien appréciables.

§ 17. — *Importance des données plessimétriques précitées comme signes de diagnostic et de pronostic dans un grand nombre de maladies.*

Les données plessimétriques que je viens d'exposer sur les cavités cardiaques, la crosse de l'aorte et l'artère pulmonaire fournissent des signes très importants comme éléments de diagnostic et de pronostic. En ce qui se rapporte aux cavités droites et gauches et surtout aux vaisseaux, je les considère comme formant les deux plateaux d'une balance dont l'axe est représenté par les poumons. Lorsque le sang y circule librement les cavités droites et gauches et les deux vaisseaux ont le même volume. Pour peu que cette circulation soit ralentie, aussitôt le plateau droit s'abaisse et le gauche s'élève, c'est-à-dire que le cœur droit et l'artère pulmonaire se dilatent tandis que le cœur gauche et la crosse de l'aorte se resserrent. Si l'embarras circulatoire cesse, c'est un effet inverse qui se manifeste. Ces changements de volume sont d'autant plus prononcés que l'embarras est plus grand.

Ils sont surtout importants à constater dans les cas où la

petite circulation est embarrassée d'une façon latente et chronique. Alors, les malades consultent le médecin pour de l'anémie, de la faiblesse générale, ou pour des troubles digestifs, des pharyngites chroniques, ou encore pour des métrorrhagies, de l'albuminerie, ou même des hémorrhagies méningées, etc., etc. Comme souvent rien n'attire l'attention des médecins du côté des poumons, il considère les phénomènes morbides accusés comme primitifs, alors qu'ils sont l'expression de congestions passives dérivant d'un embarras de la circulation pulmonaire. Que de fois n'ai-je pas eu l'occasion de constater ces faits ; de voir, par la percussion des cavités cardiaques et des gros vaisseaux, qu'ils étaient dus à une hyphémie artérielle et à une hyperhémie veineuse ; d'en trouver la cause dans un embarras circulatoire résidant dans une partie quelconque des poumons, et de remédier à ces phénomènes morbides en rendant la petite circulation libre. Aussi, j'estime que les embarras de la circulation pulmonaire, même légers, constituent un fait pathologique des plus important en raison de ses nombreuses conséquences ; et je m'empresse de le signaler, pour le moment, à l'attention des médecins.

SIGNES ABRÉVIATIFS

Je conviens que les lettres, qui figurent sur la planche II ou dans le cours de ce travail, auront les significations suivantes :

1re Ligne M C D, lire ligne mamelo-claviculaire droite ;
2e Ligne M S, — ligne médio-sternale ;
3e Ligne M C G, — ligne mamelo-costale gauche ;
4e Ligne V A D, — ligne vertico-auriculaire droite ;
5e Ligne S O, — ligne sternale oblique allant de l'extrémité antérieure du 5e espace intercostal droit à l'extrémité antérieure du 3e gauche.

Les lettres majuscules suivantes désignent :

C G — Cœur gauche ;
C D — Cœur droit ;
V G — Ventricule gauche ;
V D — Ventricule droit ;
O G — Oreillette gauche ;
O D — Oreillette droite ;
A — Aorte ;
C A — Crosse aortique ;
A P — Artère pulmonaire ;
P D — Bord antérieur du poumon droit ;
P G Bord antérieur du poumon gauche ;

CHAPITRE IV

EXPOSÉ DES FAITS DÉMONTRANT QUE LE RYTHME, LA FRÉQUENCE ET LA FORCE DES MOUVEMENTS DU CŒUR SONT SUBORDONNÉS A SON ALIMENTATION ET A SON DÉBIT, AINSI QU'AUX DIVERSES CONDITIONS DANS LESQUELLES CES PHÉNOMÈNES S'ACCOMPLISSENT.

§ 18. — *Rythme du cœur. Insuffisance de la théorie de Haller, Causes et conditions de ses mouvements.*

On entend par *rythme des mouvements du cœur*, l'ordre d'après lequel se produisent successivement la systole, la diastole et la pause qui constituent une révolution cardiaque. La fréquence de ces mouvements est subordonnée à la durée d'une révolution.

Selon Haller le sang, par son contact avec l'endocarde, est non-seulement l'excitant naturel de la contractilité du cœur, mais aussi le régulateur de son rythme. Cette théorie, qui a joui d'une grande faveur, ne tarda pas à être combattue par d'autres physiologistes qui soutinrent que le rythme cardiaque est sous la dépendance du système nerveux. C'est encore aujourd'hui la théorie classique.

Quels que soient les faits et les autorités sur lesquels elle s'appuie, je ne la crois pas fondée. Aussi, je reprends celle de Haller. J'hésite d'autant moins à le faire que, tout en reconnaissant son insuffisance ainsi que la gravité des objections qui lui ont été opposées, je me crois en mesure de la compléter tout en réfutant les objections qu'on lui a faites.

Dans les causes et le rythme des mouvements du cœur, Haller n'a vu que l'action excitante du sang sur l'endocarde. Cette théorie est insuffisante. Pour bien comprendre la fonction du cœur il faut tenir compte de toutes les conditions qui concourent à ses mouvements, c'est-à-dire de son alimentation et de son débit ; de la manière dont ces phénomènes s'accomplissent ; des chocs qu'il subit ; des qualités du sang mis en mouvement ; des substances qu'il tient en dissolution ; du plus ou moins d'excitabilité de l'endocarde ; du degré de contractilité du myocarde ; toutes choses qui varient suivant une foule de circonstances. Je vais étudier le tout dans les articles suivants.

ARTICLE I

ALIMENTATION DU CŒUR DROIT

Les mouvements du cœur, ainsi que leur rythme, sont subordonnés à ses recettes, à son débit et à la vitesse du mouvement du sang. Je vais étudier ces questions pour chaque cœur, en commençant par le droit.

§ 19. — *Le cœur ne bat qu'autant qu'il reçoit du sang.*

Celui qui alimente le cœur droit lui vient des veines. Il y pénètre :

1° Par l'impulsion de la vis à tergo.

L'influence de cette force sur la circulation du sang veineux est la conséquence de l'impulsion imprimée à ce liquide par les contractions du cœur gauche. Cette action sur laquelle je reviendrai joue un rôle important dans la circulation veineuse.

2° Par la contraction de l'ensemble des muscles de l'économie et des viscères abdominaux.

Cette influence est loin d'être appréciée suivant son importance. Physiologistes et médecins, considérant le cœur comme le principal facteur du mouvement du sang, semblent méconnaître qu'il existe, sur un très grand nombre de points du cercle circulatoire, une foule d'organes que l'on peut considérer comme autant de cœurs péréphériques. Ils sont constitués par l'ensemble des muscles et des viscères musculeux. Par leur contraction ces cœurs secondaires, en comprimant leurs vaisseaux capillaires et veineux, forcent le sang à se diriger plus rapidement et en plus grande abondance vers l'oreillette droite. C'est un fait que la vulgaire expérience de la saignée a démontré depuis longtemps. Tout le monde sait qu'après l'ouverture de l'une des veines du pli du bras, il suffit de faire rouler au patient un lancetier dans la paume de la main, pour voir le sang s'écouler de la veine avec un jet plus fort et plus rapide. La contraction des organes creux produit aussitôt une dilatation de leurs veines qui se dessinent sous la séreuse qui les recouvre. Ce fait s'observe facilement dans les expériences sur les animaux.

L'influence de la contraction de ces cœurs périphériques sur le mouvement du sang est faible si elle est isolée ; mais elle devient considérable lorsqu'elle s'étend à un grand nombre de muscles. C'est ce qui se produit dans la marche, la course, les exercices violents et les convulsions. Dans ces cas la circulation veineuse devient rapide, et le sang arrive en si grande abondance dans l'oreillette droite qu'elle se distend au point de se rompre, comme cela a été parfois observé dans les convulsions.

Pour démontrer l'influence de la contraction musculaire sur l'entrée du sang dans le cœur droit, j'ai eu recours à une expérience bien simple. En juin 1892, je fais coucher sur un plan horizontal le nommé S..., âgé de 21 ans. Au bout de quelques minutes de repos, je trace la limite de l'oreillette droite, et je lui fais raidir les quatre membres tout en lui recommandant de continuer à respirer normalement. Après quelques secondes je constate que l'O. D. a augmenté de 2 ctm. 1/2. En faisant cesser les contractions, elle revient, au bout de la même durée, à son volume ordinaire. Cette expé-

Pl: III.

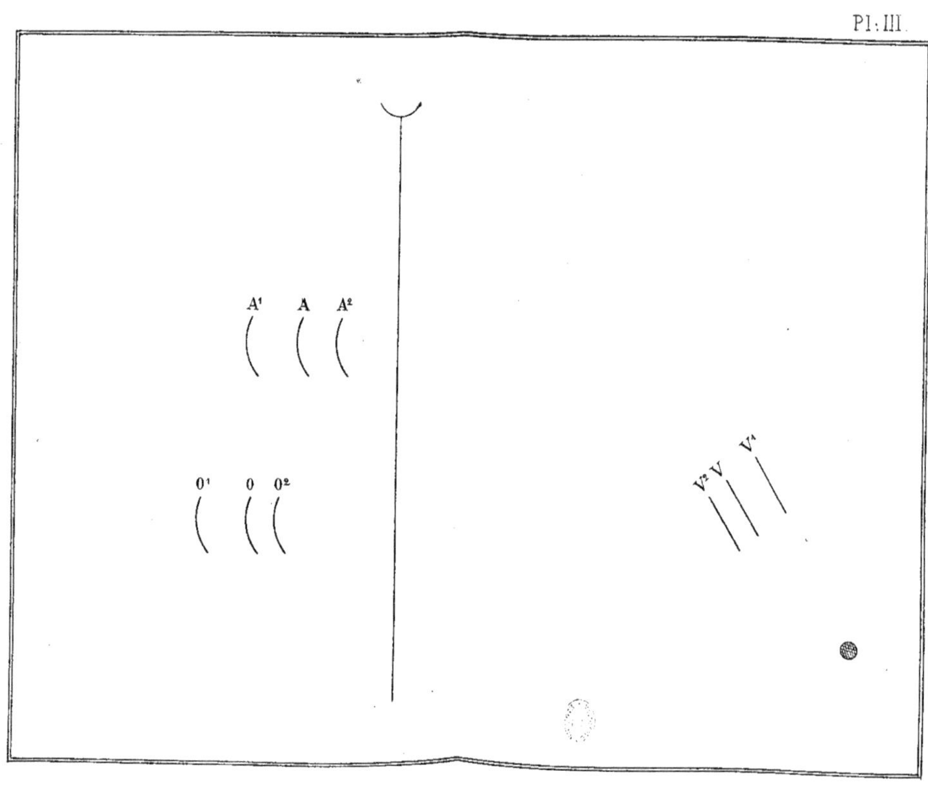

rience renouvelée bien des fois m'a toujours donné des résultats analogues.

Puisque j'en suis à parler du mouvement imprimé, par la contraction musculaire, au cours du sang veineux vers le cœur droit, je citerai une observation dans laquelle, outre cet effet, j'ai constaté que cette contraction imprime à la marche du sang artériel un *remous* qui provoque la dilatation de la crosse de l'aorte et celle du V. G. par l'élévation de la pression artérielle.

OBSERVATION I

Influence de la contraction permanente des 4 membres sur la dilatation de l'aorte et des cavités cardiaques.

Le 18 octobre 1895, le sujet A... est couché à plat sur un parquet. La limite de l'aorte est représentée par la ligne A, celle du VG par la ligne V et de l'OD par la ligne O. Je lui fais contracter, sans efforts, et maintenir en contraction permanente les muscles des 4 membres. Presqu'aussitôt, c'est-à-dire en 2 ou 3 secondes, la crosse aortique se dilate et sa limite arrive en A^1, celle du VG en V^1 et de l'OD en O^1. En faisant cesser la contraction, ces organes diminuent : leurs limites se retirent en quelques secondes en A^2, V^2 et O^2, pour ne pas tarder à reprendre leur situation ordinaire. (*Voir Pl. III*).

Les contractions de la rate, de l'estomac et de l'utérus sont aussi suivies de la dilatation de l'oreillette droite. J'ai constaté souvent qu'un courant d'induction passant de la colonne vertébrale à l'épigastre provoque, dans la rate et l'estomac, une contraction qui accélère le cours du sang veineux et occasionne, après 30 à 40 secondes, une dilatation de l'O. D. de plusieurs ctm.

3° Par l'aspiration exercée par les mouvements inspirateurs.

Quant à ce qui concerne l'action hémospasique exercée sur le sang veineux par les mouvements inspirateurs, je renvoie le lecteur aux pages 130 et suiv. de *mes recherches sur les lois de la* circulation pulmonaire, etc. Il y verra la puissante influence que ces mouvements exercent en faveur de l'alimentation du C. D.

4° Par l'activité diastolique du ventricule droit.

Ce qui a trait à l'action aspiratrice de ce ventricule ayant été étudié dans un autre travail, je ne m'y arrêterai pas et y renvoie aussi le lecteur (1).

§ 20. — *Causes qui accélèrent la marche du sang vers le cœur droit, augmentent l'intensité et la fréquence de ses battements.*

Parmi ces causes je citerai :

1° La course, le cyclisme, l'équitation, les sauts, la lutte, les convulsions, etc.

Il y a bien longtemps que j'ai observé que la course dilate considérablement les cavités du cœur droit dont les battements deviennent alors rapides, tumultueux et sensibles à la région épigastrique. Cette fréquence et cette intensité sont causées par la réplétion exagérée du VD due, d'une part à ce que, dans la course, de nombreux muscles se contractant rapidement et énergiquement, impriment au sang veineux un mouvement qui accélère son arrivée dans le cœur droit et cause sur l'endocarde un heurt excitateur; d'autre part, aux difficultés qu'éprouve le VD. pour se vider, en raison des obstacles que les efforts faits pendant la course apportent à la circulation pulmonaire.

(1) Voir mes recherches sur l'activité de la diastole ventriculaire, etc. Masson, éditeur, Paris 1896.

Les mêmes faits s'observent dans tous les exercices ou travaux qui exigent la contraction d'un grand nombre de muscles; mais c'est surtout dans les convulsions qu'ils se manifestent avec le plus d'intensité, parce qu'alors la généralité des muscles se contractant avec énergie, chassent rapidement le sang dans le cœur droit.

2e La Chaleur.

La chaleur d'un grand bain ou d'une étuve accélère le cours du sang veineux vers le cœur droit, par la raison qu'elle provoque dans les parois des petits vaisseaux un relâchement musculaire qui leur permet de se dilater, et de favoriser le passage dans les veines du sang artériel qui conserve l'impulsion cardiaque. Ce fait se remarque aussi dans les maladies qui ont pour effet de provoquer l'atonie du système musculaire. Ainsi, les médecins ont remarqué que la saignée, pratiquée dans des fièvres typhoïdes à forme adynamique, donnait lieu à un écoulement de sang rouge à jets saccadés faisant craindre aux inexpérimentés la blessure de l'artère brachiale. Tout ceci s'explique en sachant que, par suite de la dilatation des petits vaisseaux, le sang y circule en conservant l'impulsion cardiaque, et avec une vitesse qui lui permet de ne pas perdre sa couleur artérielle.

Il en est de même dans le goître exophtalmique où le relâchement des artérioles permet une circulation si rapide que les battements du cœur peuvent s'élever à 160 et même 200. Aussi, le moyen d'en diminuer la fréquence c'est, à l'exemple de Dusch et Eulenburg, de faire passer des courants continus dans la moelle cervico-dorsale, ou mieux d'employer l'hydrothérapie ainsi que l'a conseillée Peter (1).

En attribuant, à la vitesse du cours du sang veineux la fréquence des battements du cœur droit, je ne méconnais pas que la chaleur est, par son action directe sur ce viscère, un facteur dont il faut aussi tenir compte.

(1) Traité clinique des maladies du cœur, etc., p. 754, Paris 1883.

3° La pesanteur.

L'action de la pesanteur exerce une influence manifeste sur l'alimentation du cœur droit et sur la fréquence de ses battements. J'ai observé souvent qu'il suffit de faire lever et maintenir en l'air par un tiers, les jambes d'un individu couché horizontalement pour augmenter le volume de l'oreillette droite de 2 à 3 ctm. et accélérer les battements du cœur. Au moment où je rédige ces lignes, je constate sur deux jeunes sujets que le premier offre :

Dans la station verticale un pouls à 90 pulsations, dans la station couchée un pouls à 74 pulsations.

En faisant lever et maintenir, par un aide, les jambes en l'air, il s'élève à 90.

Le second présente, dans les mêmes conditions, un pouls à 76, 72 et 78.

Je sais bien que cette élévation de la fréquence du pouls peut être en partie attribuée à l'élévation de la pression artérielle dans l'aorte ; mais on ne peut nier, d'après les faits précités et ceux qui vont suivre que l'alimentation du cœur droit, facilitée par l'action de la pesanteur, n'ait aussi sa part dans la fréquence des battements du cœur.

4° La suppression brusque d'obstacles entravant la circulation veineuse.

Lorsque sur un lapin dont l'abdomen est ouvert, on applique comme je l'ai fait une pince à forcipressure sur la veine cave inférieure immédiatement au-dessous du diaphragme, les battements du cœur faiblissent et ne tardent pas à se ralentir ; les poumons pâlissent tandis que le foie devient turgescent. Si, après quelques minutes alors que l'animal est inerte comme un cadavre, on enlève la pince, aussitôt le sang se précipite dans l'oreillette et le ventricule droits qui se hâtent de le chasser dans les poumons par des battements énergiques et fréquents.

J'ai observé plusieurs fois sur l'homme les mêmes effets en

appliquant, à la racine des quatre membres, des ligatures suffisamment serrées pour arrêter la circulation veineuse sans interrompre l'artérielle, et en les faisant maintenir en l'air par des aides. Au bout de 8 à 10 minutes je faisais enlever brusquement les quatre ligatures. Aussitôt l'OD se dilatait, devenait très distendue après une dizaine de secondes, et les battements du cœur s'accéléraient.

Les mêmes faits s'observent dans l'*hyperhémospase* des membres inférieurs où le pouls, après s'être ralenti, se précipite lorsque le sang, retenu dans les vaisseaux veineux, reprend son cours pour affluer dans le cœur droit.

§ 21. — *Causes qui affaiblissent, ralentissent, ou arrêtent les mouvements du cœur droit, en entravant la marche du sang veineux vers cette cavité.*

Lorsque ce cœur ne reçoit que peu de sang ses battements s'affaiblissent tout en augmentant parfois de fréquence en vertu de la loi de Marey. Mais, si les recettes continuent à être insuffisantes, les battements se ralentissent, deviennent irréguliers et finissent par s'arrêter.

Les causes qui entravent l'alimentation du cœur droit sont nombreuses ; toutefois elles n'agissent pas toutes avec la même intensité. Je citerai d'abord les ligatures placées à la racine des quatre membres, une pression exercée sur l'hypochondre droit de manière à aplatir la veine cave inférieure contre la colonne vertébrale, l'application d'un corset ou d'une ceinture trop serrés, la rétention du sang dans les membres inférieurs par les *ventouses monstres de Junod*. A ce propos Brochin cite le cas d'un jeune étudiant en médecine dont les extrémités inférieures furent emboîtées dans un récipient de cristal dans lequel on commença à faire le vide à neuf heures, A neuf heures quinze minutes le pouls était à 84 et devenait filiforme. Cinq minutes après il était tombé à 40 (1).

(1) *Dict. encycl. des Sc. méd.*, art. hémospasie, p. 509, Paris, 1888.

A ces causes il faut joindre les blessures des grosses veines abdominales comme celle qui fit mourir le président Carnot; les oblitérations morbides; les ligatures appliquées sur les animaux dans un but expérimental; enfin toutes celles qui s'opposent à l'action hémospasique du thorax, soit par épidiaphratopie, soit par compression extérieure, paralysie ou contracture des muscles inspirateurs, soit par lésions des plèvres ou des poumons.

ARTICLE II

DÉBIT DU CŒUR DROIT

§. 22. — *Les contractions du ventricule droit chassent dans l'artère pulmonaire, le sang qu'il reçoit à chaque diastole.*

L'entrée de l'ondée sanguine dans ce vaisseau est facilitée par la dilatation que toutes ses divisions subissent pendant chaque mouvement inspirateur, ainsi que je l'ai démontré dans l'ouvrage cité plus haut.

Tant que ces mouvements s'exécutent facilement et que le sang circule librement dans cette artère, les battements du cœur droit ne subissent aucune modification. Mais il en est tout autrement aussitôt qu'un obstacle quelconque entrave la petite circulation. Alors les mouvements du cœur droit deviennent plus énergiques, plus fréquents, quelquefois irréguliers, et ses battements se font sentir à l'épigastre.

Ces modifications apportées dans le rythme du cœur droit sont dues à l'accumulation du sang dans ce ventricule dont l'endocarde est violemment irrité par la présence en excès de ce liquide excito-moteur. Ce fait est facile à constater par la percussion qui accuse la dilatation des cavités droites, et aussi quelquefois par le pouls hépatique et veineux qui dénotent une insuffisance valvulaire dérivant des mêmes faits.

Les dites modifications varient en intensité et en durée, suivant la nature, l'importance et la durée des causes qui les ont provoquées ; suivant aussi qu'elles ont apparues soudainement ou qu'elles se sont établies lentement. Ainsi, un obstacle momentané au débit du cœur droit occasionnera des battements énergiques et rapides qui ne tarderont pas à reprendre leur rythme après sa disparition, tandis que si ce cœur doit lutter contre un obstacle considérable ou durable, il ne tarde pas à s'épuiser; ses battements s'affaiblissent, se ralentissent et deviennent irréguliers ; c'est un cœur forcé qui tombe en asystolie.

§ 23. — *Causes qui entravent le débit du cœur droit.*

Les causes qui s'opposent au débit du cœur droit sont nombreuses. Pour le moment je ne parlerai pas de celles qui résident dans le cœur gauche ; je me bornerai aux causes siégeant dans le poumon ou agissant sur lui.

Parmi les causes dont l'action s'exerce sur le poumon il faut compter toutes celles qui s'opposent à ses mouvements diasto-systoliques : tantôt elles résident dans les parois de la cavité thoracique qui ne peut se dilater ou difficilement par suite, soit de compression, paralysie ou contracture ; tantôt ce sont les poumons qui sont affaissés par hydro ou pneumothorax ou par tumeur, ou gênés dans leur dilatation par des adhérences pleurales. Pour ce qui a trait à celles qui siègent dans les poumons j'indiquerai :

1° les obstacles à l'entrée de l'air qui favorisent d'abord le débit du cœur droit pour provoquer rapidement dans les petits vaisseaux une congestion qui entrave la circulation ;

2° L'entrée dans les canaux aérifères, comme dans la submersion, de liquides qui ont aussi pour effet d'entraver la circulation pulmonaire ;

3° La respiration d'un air dont la pression est au moins 4 ctm. de Hg. au-dessus ou au-dessous de l'air ambiant : dans le premier cas il y a arrêt de la circulation pulmonaire par compression et anémie des capillaires du champ respiratoire, tandis que dans le second l'arrêt a lieu par congestion ;

4° Diverses lésions telles que l'atélectasie, l'emphysème, la pneumonie, les tubercules, etc. ;

5° Les embolies siégeant dans l'artère pulmonaire ou ses branches, le rétrécissement de ce vaisseau, l'entrée de l'air dans les veines ;

6° Enfin, je termine cette énumération en *signalant la contraction du poumon et de ses vaisseaux comme une cause, qui, bien que peu connue, n'en constitue pas moins très souvent, un obstacle des plus important au débit du cœur droit.* Cette contraction est provoquée directement, soit par la respiration d'un air froid ou chargé de particules irritantes comme celles de la fumée de tabac, soit par voie réflexe sous l'influence également du froid ou de la douleur, mais très fréquemment par suite d'émotions morales, de chagrins et de tristesse. Ces graves questions, qui jouent en pathologie un rôle capital, seront étudiées dans mes *recherches sur le mécanisme de l'influence des passions sur le cœur.*

§ 24. — *Causes qui facilitent le débit du cœur droit.*

A côté des causes qui entravent le débit du cœur droit, il en est qui le facilitent. Ce sont toutes celles que favorisent la diasto-systole pulmonaire tels que des mouvements respiratoires faciles, larges et profonds, excités par la respiration d'un air pur ou par des impressions portant sur les nerfs de la cinquième paire. A ces causes j'ajoute celles qui provoquent la dilation des petits vaisseaux pulmonaires, comme la respiration d'un air chaud ou du nitrite d'amyle, les émotions douces, les sentiments agréables. La facilité de ce débit s'accuse dans ces cas, ainsi que je le montrerai plus bas, par la diminution de l'artère pulmonaire et de l'oreillette droite, par la dilatation de l'oreillette gauche et de la crosse de l'aorte, ainsi que par l'accélération des battements du cœur.

ARTICLE III

ALIMENTATION DU CŒUR GAUCHE

§ 25. — *Comment le cœur gauche est-il alimenté?*

Le cœur gauche est alimenté par le sang qui lui vient du cœur droit en passant par les vaisseaux qui constituent l'appareil de la *petite circulation* ou *pulmonaire*. Je vais examiner les questions qui se rapportent à l'arrivée du sang dans ce ventricule et à son influence sur le rythme des battements du cœur.

Le sang qui entre dans le ventricule gauche est mis en mouvement par la contraction du ventricule droit; mais c'est surtout grâce à la diastole et à la systole pulmonaire, dont l'une attire le sang dans les vaisseaux des poumons et dont l'autre le chasse dans l'oreillette gauche, que ce cœur est alimenté.

Ces faits importants ont été mis en évidence dans les lois que j'ai formulées sur la circulation pulmonaire. Je citerai la *deuxième* comme ayant spécialement trait à la question traitée en ce moment : *Tout mouvement expirateur provoque un rétrécissement des mêmes canaux qui force le sang à circuler et à sortir des vaisseaux des poumons comme l'air sort de leurs conduits aérifères, avec cette différence que, ne pouvant repasser par son orifice d'entrée à cause des valvules sygmoïdes, il se rend dans les veines pulmonaires pour se déverser dans l'oreillette gauche.*

Ce mouvement que le retrait des poumons imprime au sang pour le forcer à se déverser dans le cœur gauche, je l'ai appelé *hémopulsion* (de αἱμα sang, *pulsare*, pousser, mouvoir) *pneumo-thoracique*.

Je ne reviendrai pas sur ces faits qui ont été exposés et surabondamment prouvés dans mon ouvrage sur les *lois de la circulation pulmonaire* et, auquel je renvoie le lecteur (voir p. 136 et suiv.).

Une autre cause qui concourt à l'alimentation du cœur gauche, c'est l'action aspiratrice de ce ventricule qui peut, sur le cœur du bœuf faire équilibre à une colonne de mercure de 8 ctm. J'ai démontré ce curieux phénomène physiologique dans un autre travail auquel je renvoie également le lecteur (1).

Je signalerai aussi l'action de la pesanteur. Tout le monde sait que les battements du cœur s'accélèrent dans la station verticale, tandis qu'ils se ralentissent dans la station horizontale. Sur un sujet de 23 ans que j'ai observé à cet égard, j'ai constaté une différence de 22 pulsations. Cette augmentation des battements du cœur par la station verticale est due, au moins en partie, à une accélération de la marche du sang dans le ventricule gauche par l'effet de la pesanteur favorisée dans son action par la disposition de l'oreillette gauche et des veines pulmonaires (2).

Enfin, il est encore une cause qui contribue à imprimer au sang un mouvement vers le cœur gauche : c'est la contraction du poumon et de ses vaisseaux dont il sera question plus bas.

§ 26. — *Causes qui accélèrent le cours du sang vers le cœur gauche et modifient le rythme de ses battements. Activité des mouvements respiratoires. — Ecluses cardiaques. — Portes vasculaires. — Agents dilatateurs.*

D'après ce que je viens d'exposer sur l'alimentation et le débit du cœur droit et sur celle du cœur gauche, il est facile de voir que les mouvements de dilatation et de resserrement des parois thoraciques jouent le rôle d'une pompe aspirante

(1) *Recherches sur l'activité de la diastole ventriculaire, etc.*

(2) Voir *Rech. sur les lois de la circ. pulmon., etc.* Masson, Paris, 1896, p. 31 et 143.

et foulante. Les premiers exercent une action hémospasique qui attire le sang veineux dans les cavités du cœur droit, dans l'artère pulmonaire et ses divisions; les seconds, une action hémopulsive qui chasse le sang des vaisseaux du champ respiratoire dans les veines pulmonaires, et de celles-ci dans les cavités du cœur gauche. Or, de même que l'étendue et la rapidité des mouvements imprimés au piston d'une pompe accélèrent et augmentent son débit, de même l'étendue et la fréquence des mouvements respiratoires accélèrent la circulation du sang dans les poumons, accroissent le débit des veines pulmonaires et par conséquent augmentent l'alimentation du cœur gauche.

Ce fait est facile à constater par la plessimétrie qui révèle, sous l'influence de ces mouvements, une dilatation de l'oreillette et du ventricule gauches et de la crosse de l'aorte, et aussi par le sphygmographe et le syphygmomètre qui accusent une élévation de la pression artérielle.

Les recettes plus abondantes faites par le cœur gauche stimulant vivement l'endocarde, ont pour effet d'accroître l'intensité et la fréquence de ses battements. Ce sont là des faits faciles à constater, et c'en est un connu depuis longtemps par les médecins que celui du rapport qui existe entre la fréquence des mouvements respiratoires et celle du pouls. Je prends, par exemple, le pouls sur deux personnes: chez l'une d'elle il bat 19 fois par quart de minute; je lui fais exécuter des mouvements respiratoires rapides et profonds; puis comptant le pouls 10 secondes après le début de cet exercice, je constate que sa fréquence s'est élevée à 26 par quart de minute, ce qui constitue pour une minute une différence de 28 pulsations.

Chez une autre dont le pouls bat 18 fois par quart de minute, les mêmes mouvements respiratoires rapides et profonds l'élèvent à 26 pour la même durée, ce qui fait une différence de 32 pulsations par minute.

Il est une deuxième cause qui joue un rôle favorable dans

l'alimentation du cœur gauche et qui mérite, vu son importance, d'être soigneusement mise en lumière. C'est la dilatation des petits vaisseaux pulmonaires. Au point de vue de la circulation, les poumons doivent être considérés comme des écluses situées entre le cœur droit et le cœur gauche, et dont les vaisseaux constituent les portes qui établissent communication entre les deux cœurs.

Si ces portes sont largement ouvertes par la dilatation et la liberté des vaisseaux qui les constituent, les communications sont faciles, et le sang coule rapidement et abondamment dans le cœur gauche. Si au contraire elles sont fermées soit complètement ou incomplètement, par resserrement ou par obstruction vasculaire, il en résulte soit un arrêt, soit un embarras de circulation qui supprime l'alimentation du cœur gauche ou la rend insuffisante.

L'ouverture de ces portes vasculaires se fait mécaniquement à chaque inspiration, et d'autant plus largement qu'elle est plus profonde. A cette ouverture qui livre un passage facile au sang venant du cœur droit, succède par l'expiration un resserrement, une fermeture des vaisseaux qui accélèrent le cours du sang vers le cœur gauche.

En dehors de ces phénomènes mécaniques, il en est d'autres étroitement liés à la présence des fibres musculo-vasculaires et musculo-bronchiques, à leur relâchement ou à leur contractilité. Aussi, toute cause qui a pour effet de relâcher la tunique des petits vaisseaux pulmonaires et des conduits aérifères, provoque une dilatation des poumons et de leurs vaisseaux suivie d'une accélération de la circulation et du pouls.

Je prends comme exemple la respiration d'un air chaud.

Déjà, en janvier 1891, j'avais cherché à voir les effets de la température de l'air respiré, sur les petits vaisseaux du poumon, sur les cavités cardiaques et sur le pouls.

Le sujet observé était un jeune homme de 21 ans, faible et tuberculeux. La limite de l'O. D passait à deux ctm. en dehors du sternum, celle du V. G. par le mamelon ; le pouls était à

Pl: IV.

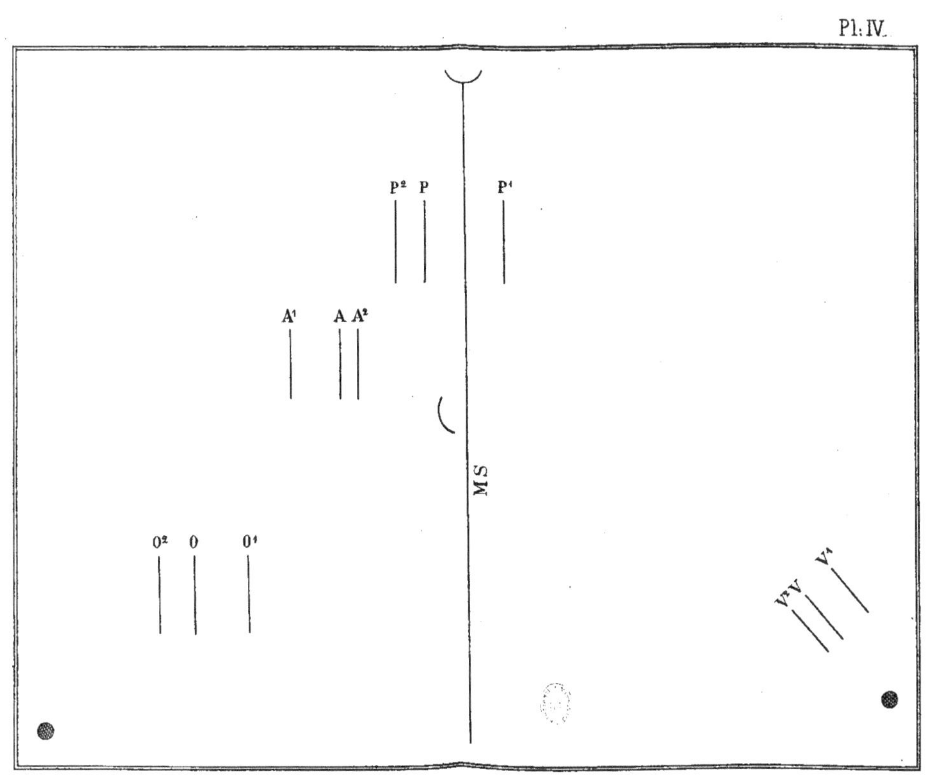

78. Je lui fais respirer pendant 8 minutes de l'air surchauffé jusqu'à 220° au moyen de l'appareil de Weigert. Sa respiration devient plus facile, l'O. D. diminue d'un ctm.; la limite du V. G. passe près d'un ctm. en dehors de la normale, et le pouls s'élève à 100.

Depuis, me plaçant à des points de vue nouveaux motivés par les hypothèses que j'avais à vérifier, j'ai renouvelé ces expériences dont je vais rapporter la suivante :

OBSERVATION II

(Voir PL. IV).

Le nommé Gr..., 31 ans, très développé, atélectasique du sommet droit, en voie de guérison, est examiné le 19 janvier 1896.

Le bord antérieur du P. D. passe en P à un gros ctm. de la ligne M S; celui du P. G. arrive jusqu'à la même ligne ; l'O. D. a sa limite à 7 ctm. 1/2 de cette ligne en O ; celle de l'aorte en est distante de 3 ctm. 1/2, elle passe en A ; la limite du V. G. passe en V ; le pouls donne 100 pulsations.

Je lui fais respirer pendant une minute, l'air chaud qui circule dans un serpentin formé avec un tube en étain de plus de 2 mètres de longueur, d'un diamètre de 14^{mm} et plongeant dans une marmite remplie d'eau à 95°.

En respirant il éprouve une sensation agréable de chaleur douce dans la poitrine et observe que ses mouvements respiratoires sont plus faciles et plus amples.

La minute écoulée, je constate que le P. D. s'est dilaté et arrive à la ligne M S ; l'O. D. a diminué, sa limite ne passe plus qu'à 6 ctm. de cette ligne en O^1 ; l'aorte s'est dilatée et se trouve à près de 5 ctm. de ladite ligne en A^1; il en est de même du V. G. dont la limite passe en V^1, un ctm. en dehors de la précédente.

Le nombre des pulsations s'est élevée à 128.

Peu après je lui fais respirer de l'air frais en plongeant le serpentin dans de l'eau à 10°. Au bout d'une minute le bord du P. G. s'est retiré en P^1, celui du P. D. en P^2 ; la limite de l'O. D. s'écarte en O^2 et celle de l'aorte se retire en A^2.

La limite du V. G. passe en dedans de la normale en V^2 ; le pouls diminue de fréquence.

Après la chaleur je citerai le nitrite d'amyle dont l'action est rapide et remarquable.

La respiration du nitrite d'amyle provoque une dilatation des poumons et de leurs vaisseaux qui accélère la circulation pulmonaire, diminue le volume du cœur droit et augmente celui du cœur gauche et de l'aorte. En voici un exemple.

OBSERVATION III

Voir PL. V.

Le nommé Gr..., cité plus haut, observé en octobre 1895, continue à tousser ; le sommet du poumon droit est toujours plus chaud que le gauche ; son bord antérieur n'arrive qu'en P ; la limite de la crosse de l'aorte passe en A ; celle de l'O. D. en O, et du V. G. en V.

Je lui fais respirer du nitrite d'amyle. Non-seulement la face rougit, mais en moins d'une minute le bord du poumon droit arrive en P^2 ; l'O. D. se retire en O^2 ; le V. G. passe en V^1, la crosse de l'aorte augmente et atteint la limite A^2. Le sujet accuse une respiration plus facile.

Peu après avoir cessé la respiration de ce liquide, les organes précités retournent incomplètement vers leurs limites primitives.

J'applique ensuite une ventouse au sommet droit en avant. Après cette application ce jeune homme respire mieux, son O. D. revient en O^1 et la crosse aortique passe en A^1.

Comme il n'est pas possible d'observer à la fois, sur le même sujet, tous les effets produits par le nitrite d'amyle, j'ai fait

Pl: V.

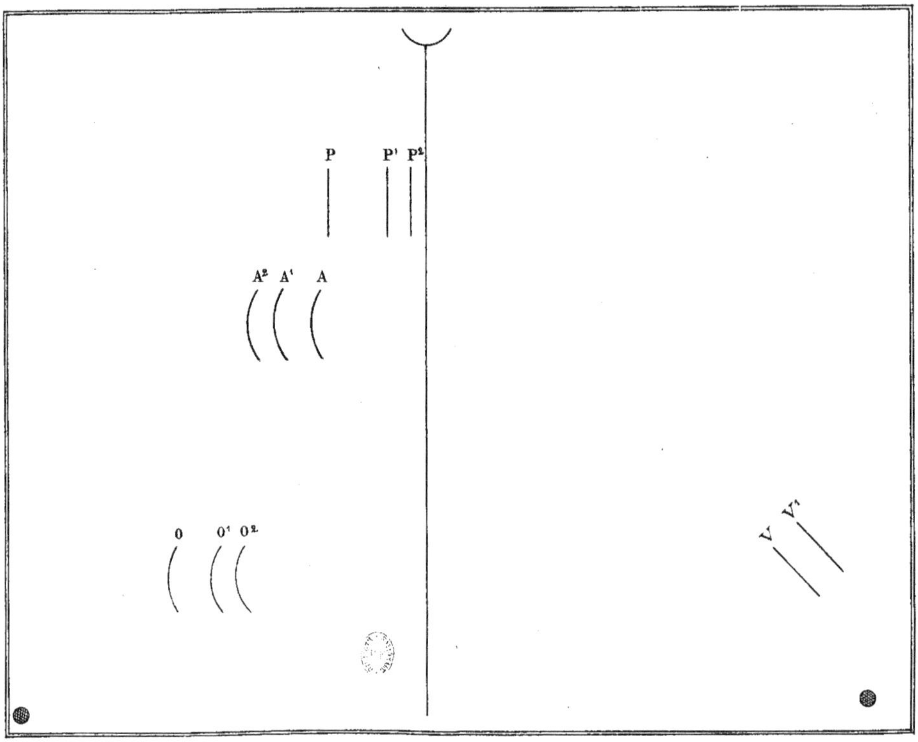

P P' P²

A² A' A

O O' O²

V V'

respirer cette substance à un fort jeune homme âgé de 24 ans dont le pouls était à 74 et la pression artérielle au poignet à 18 ctm. de Hg. En moins d'une demi-minute le pouls s'accélère et atteint 104; la pression s'élève à 21 pour ne pas tarder à redescendre à 18.

§ 27. — *Causes qui, par ralentissement, embarras, ou arrêt de la circulation du sang vers le cœur gauche, modifient le rythme de ses battements soit en les accélérant ou en les ralentissant, les suspendent ou les arrêtent définitivement.*

Parmi ces causes je signalerai :

1° Le ralentissement, l'affaiblissement, la suspension des mouvements respiratoires et leur arrêt en inspiration profonde ou expiration forcée.

Les animaux hibernants présentent périodiquement un état physiologique qui montre bien l'influence de la respiration sur la circulation. Lorsqu'ils commencent à s'engourdir leur respiration se ralentit considérablement ; quand ils dorment elle est tellement faible que divers observateurs ont prétendu qu'elle devient nulle. Il en est de même des mouvements du cœur qui sont très rares et très faibles. La circulation est tellement ralentie que les capillaires de l'extérieur du corps sont presque vides, et que les plus gros ne sont qu'à demi remplis d'un sang qui paraît stagnant.

N'est-ce pas aussi, en ralentissant leur respiration et en finissant par la suspendre que des Faquirs indiens parviennent à ralentir et à affaiblir tellement l'action du cœur, qu'ils tombent dans un état de mort apparente où ils restent pendant des mois ?

Dans la forme léthargique de l'hystérie n'observe-t-on pas un affaiblissement des mouvements respiratoires suivi du ralentissement et de la faiblesse des mouvements du cœur. Dans cet état, ces mouvements peuvent devenir tellement faibles qu'ils sont insensibles, au point que des médecins d'élite ont pu croire à une mort réelle alors qu'elle n'était apparente, comme dans le cas fatal qui a empoisonné la vie du célèbre Vésale, et dans celui de J. P. Franck où une hystérique de Vienne faillit être enterrée vivante !

D'après le récit fait par le Dr Cheyne sur le cas curieux du colonel Townshend, il est bien établi que c'est en suspendant sa respiration qu'il parvenait à affaiblir et à arrêter, au moins apparemment, les battements du cœur. Pour d'autres cas de mort apparente, la plupart des auteurs qui les ont rapportés ne manquent pas d'indiquer que les sujets ne se mettent dans cet état qu'en ralentissant et en suspendant leur respiration.

Il est à remarquer que ce défaut d'alimentation du cœur gauche n'est pas lié, comme dans d'autres cas, à une gêne, à des difficultés dans le débit du cœur droit. Les raisons sont que l'hémospasie aussi bien que l'hémopulsion se trouvent ralenties, même presque nulles, par la faiblesse des mouvements respiratoires, et que les muscles étant relachés ne jouent plus, à l'égard du sang veineux, le rôle de cœurs périphériques le chassant dans l'oreillette droite.

Les inspirations profondes et soutenues peuvent, chez certaines personnes, suspendre momentanément les battements du cœur gauche et le pouls. Ce fait s'explique en sachant qu'une forte inspiration soutenue a pour effet d'arrêter le cours du sang allant au cœur gauche et même parfois de le faire rétrograder. Il est facile de s'en assurer par la diminution de l'oreillette gauche qui se produit à ce moment. Burdach, Müller, ont joui de ce privilège. Il en est de même de Chauveau d'après Marey.

Les expirations prolongées et maintenues peuvent produire le même effet qui s'explique par arrêt de la circulation pulmonaire causé par la compression des vaisseaux. E. S. Weber a constaté ce fait sur lui-même. Dans mon ouvrage sur *les lois de la circulation pulmonaire, etc.*, j'ai rapporté, page 149, plusieurs suicides ayant eu lieu par arrêt volontaire de la respiration.

Pl: VI.

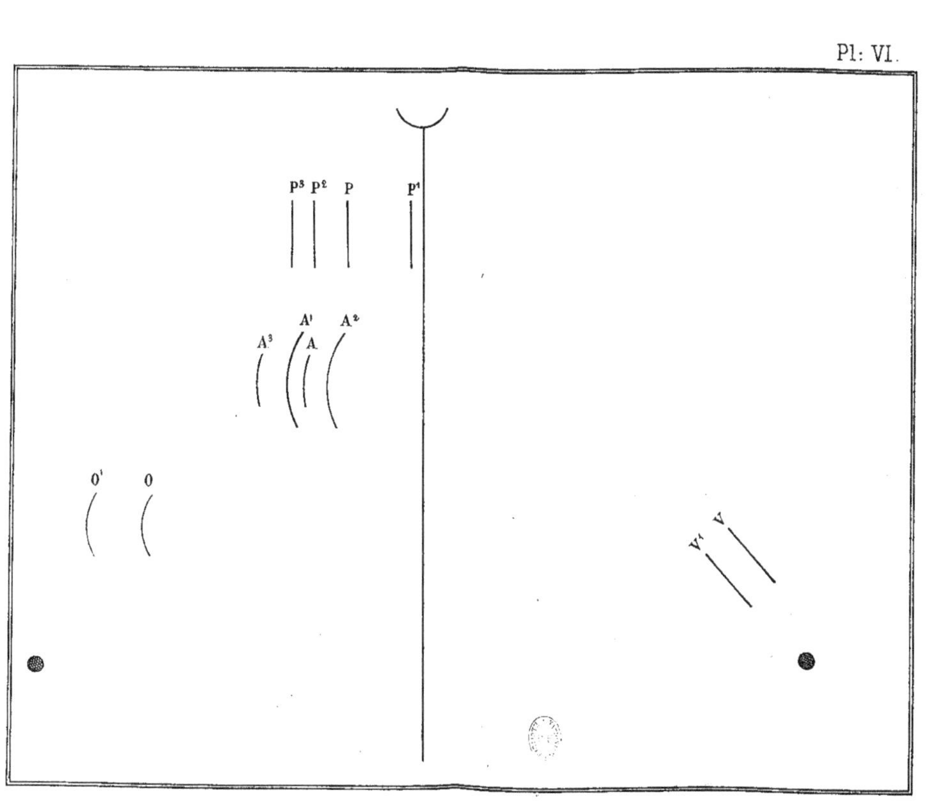

2° Toutes celles qui s'opposent au débit du cœur droit.

Il va de soi que les causes qui gênent ou arrêtent le débit du cœur droit produisent les mêmes effets sur l'alimentation du cœur gauche. Jugeant inutile de les énumérer de nouveau je renvois le lecteur à ce que j'ai dit plus haut à cet égard. Je m'arrêterai seulement sur l'obstacle apporté à l'alimentation du cœur gauche par la contraction du poumon et de ses vaisseaux.

Je viens de montrer que la respiration d'un air chaud ou du nitrite d'amyle ont pour effets de dilater les poumons et leurs vaisseaux, de favoriser ainsi le débit du cœur droit et l'alimentation du gauche. Ce sont des agents qui ouvrent, ai-je dit, les portes des écluses cardiaques. A côté de ceux-là il en est d'autres qui les ferment plus ou moins. On a pu remarquer dans la 3e observation que le froid fait partie de ces derniers. Le tabac en est aussi du nombre ainsi que le montre les observations suivantes :

OBSERVATION IV

Action contracturante du tabac sur les poumons. Mécanisme de son influence sur le volume des cavités cardiaques et de la crosse de l'aorte. (Voir PL. VI).

Monsieur C......, âgé de 47 ans, employé de bureau, est affecté depuis longtemps d'atélectasie du sommet du poumon droit et de congestion de l'ensemble de ce viscère. Ces lésions, qui finissent par céder à l'action des ventouses, d'autres révulsifs et d'inspirations profondes, récidivent facilement sous l'influence des fatigues, du froid ou des émotions morales.

En outre, ce malade fume beaucoup.

Le 5 septembre 1895, je constate que la limite du bord antérieur du poumon droit passe en P, celle de l'O D en O, du V G en V, et de la crosse de l'aorte en A.

Après quelques applications de ventouses à pompe en avant et en arrière du poumon droit, le bord antérieur de ce poumon arrive près de la ligne M S en P^1 et la limite de la crosse aortique passe en A^1.

Je lui fais fumer un cigare et observe qu'une dizaine de secondes après le début, le bord antérieur du poumon droit s'est retiré en P^2 et que la limite aortique s'est avancée en A^3. Il continue à fumer et en moins d'une minute le bord antérieur du P D se trouve à ligne P^3; la limite de l'O D en O^1, celle du V G descend en V^1, et celle de la crosse aortique se retire en A^2.

Examinés de nouveau, alors que ce malade a fumé pendant 8 minutes, j'observe que ces organes sont restés aux mêmes limites.

Bien que je n'aie pas tracé la limite du bord antérieur du poumon gauche, il s'est aussi contracté comme l'autre.

En cessant de fumer, les organes cités ne tardent pas à reprendre leur volume ordinaire, non toutefois sans que l'aorte ait passé momentanément en A^3, que la limite du V G ait dépassé la ligne V, et celle de l'O D se soit retirée un instant en dedans de la ligne O.

Les changements observés dans le volume de la crosse aortique et des cavités cardiaques s'expliquent facilement. En effet, sous l'influence de la fumée de tabac les poumons et leurs vaisseaux se contractent. Cette contraction chasse le sang en abondance dans le ventricule gauche qui le lance dans l'aorte, d'où dilatation momentanée de la crosse. La contraction continuant, apporte à la circulation pulmonaire un obstacle qui se traduit par une diminution du V G qui descend en V^1, de la crosse aortique qui se retire en A^2, et par une augmentation du cœur droit dont la limite de l'O D s'éloigne en O^1.

OBSERVATION V

Le 31 mai 1896, T..., grand et fort, âgé de 46 ans, atélectasique en voie de guérison du sommet droit, a le P D en P,

Pl: VII

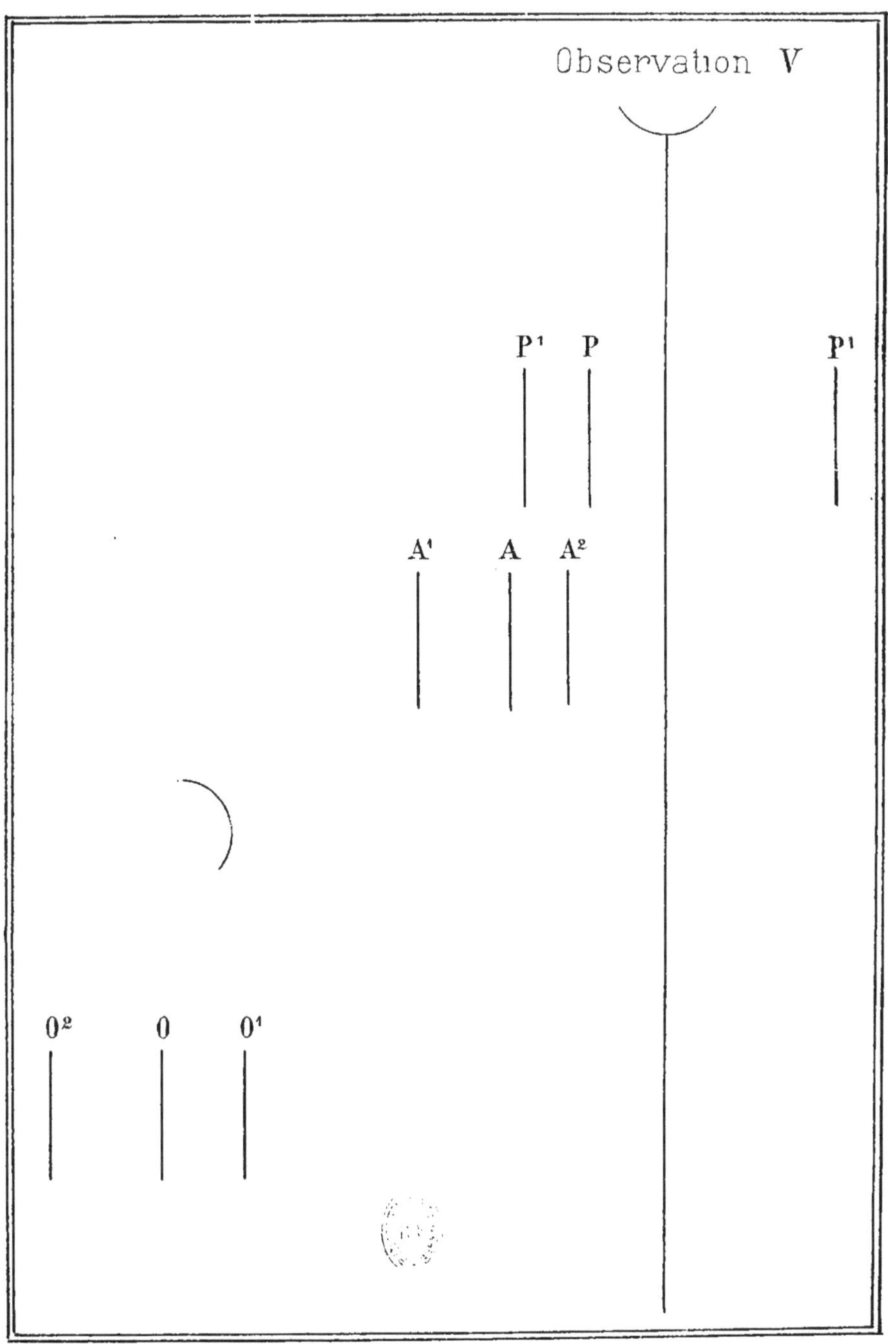

l'aorte en A et l'O D en O ; le pouls à 66, la pression artérielle au poignet droit à 15 ctm de Hg. Je lui applique une ventouse à pompe sur le sommet droit. Après 10' elle est enlevée ; le sujet sent que, tout en respirant facilement avant la ventouse, il fait maintenant pénétrer l'air plus profondément ; le bord antérieur du P D arrive à la ligne M S, l'aorte en A^1 et l'O D revient en O^1, la pression artérielle est à 17 ctm. et le pouls à 60 ; je lui fais fumer un cigare. A la fin de la 2e minute le pouls donne 56, l'aorte revient peu à peu en A^2 et l'O D s'éloigne en O^2. En continuant de fumer le pouls est à 66 au bout de 6 minutes pour arriver, après quelques minutes, à 74; la pression artérielle descend à 15°.

Dans les observations que je viens de rapporter les dilatations et les contractions pulmonaires ont eu lieu par action directe, et de la même façon que la chaleur appliquée sur la peau la fait rougir en dilatant ses vaisseaux, tandis que le froid la fait pâlir et donne la chair de poule en provoquant la contraction des petits vaisseaux et des fibres cellules du derme. D'ailleurs, la muqueuse qui tapisse les conduits aérifères ne doit-elle pas être considérée comme une membrane qui, à l'instar de la peau, est en contact permanent avec l'air atmosphérique. Ayant l'une et l'autre ce même rapport, il est facile de comprendre que les modifications subies par l'air agiront de la même façon sur ces deux surfaces.

En dehors de ces excitations directes, il en est une foule d'autres qui agissent sur les poumons par voie réflexe. Elles seront examinées dans mes recherches sur le mécanisme de l'influence des passions sur le cœur. Pour le moment je ferai seulement remarquer que la contraction des poumons, et de leurs vaisseaux, peut être poussée au point d'interrompre complètement la petite circulation, de causer des lipothymies et des syncopes parfois mortelles. Ceci n'a pas lieu de surprendre si l'on veut bien se rappeler qu'il est facile de tuer un lapin en trente secondes, par la respiration d'un air dont la pression est supérieure de 4 ctm de Hg. à celle de l'air ambiant, et que cette mort a lieu à la suite d'un arrêt de la petite circulation provoqué par la compression des petits vaisseaux du champ respiratoire (1).

3° Les obstacles à l'entrée du sang dans le ventricule gauche.

Je signalerai d'abord l'*occlusion momentanée et partielle des orifices des veines pulmonaire et auriculo-ventriculaire* gauche due au plissement des parois de l'oreillette occasionné par le soulèvement de la pointe du cœur. Cette question ayant déjà été traitée dans un autre travail j'y renvoie le lecteur (2). Ensuite, le rétrécissement de l'orifice auriculo-ventriculaire gauche, la compression de l'oreillette correspondante par une tumeur, un anévrisme de l'aorte, un corps étranger arrêté dans l'œsophage, une hydropéricardite, etc.

L'influence des causes, qui provoquent une anhémopulsion pneumo-cardiaque, sur le rythme des battements du cœur, varie suivant le degré de cette anhémopulsion. Si par exemple, la circulation du sang dans le cœur gauche est brusquement arrêtée par une profonde inspiration, le cœur gauche cesse de battre pendant quelques instants pour reprendre ensuite avec plus d'intensité.

Si cet arrêt est causé par une compression des petits vaisseaux pulmonaires déterminée par une élévation de pression de 4 ctm, de Hg de l'air inspiré seulement, comme cela peut avoir lieu dans les expériences sur les animaux ou chez les scaphandriers, les battements du cœur d'abord se précipitent par suite de l'afflux instantané du sang dans le cœur gauche ; ensuite ils s'affaiblissent, deviennent irréguliers, se ralentissent pour ne pas tarder à cesser par défaut d'alimentation.

Si au contraire, l'arrêt a lieu par congestion des petits vaisseaux pulmonaires consécutive à une diminution de la pression de l'air comme dans l'asphyxie par obstacle à l'en-

(1) Voir mes recherches loc. cit., p. 226 et 298.
(2) Loc. cit., p. 340.

trée de l'air dans les poumons, les battements du cœur se précipitent en s'affaiblissant, pour devenir ensuite inégaux, irréguliers, finir par se ralentir et s'arrêter à moins que l'obstacle ne disparaisse.

La durée de ces modifications dans le rythme cardiaque est subordonnée à l'embarras de la circulation : de courte durée avec arrêt du cœur si l'embarras circulatoire est complet ; de durée plus ou moins longue suivant que l'obstacle est incomplet et suivant aussi son plus ou moins d'intensité. Toutefois, dans ces circonstances les changements de rythme doivent être attribués non seulement à l'alimentation insuffisante ou nulle du ventricule gauche, mais aussi à l'abaissement de la pression artérielle qui, favorisant le débit du cœur, augmente, d'après la loi de Marey, la fréquence de ses battements.

§ 28. — *Influence exercée sur le rythme des battements du cœur par la manifestation successive des causes qui activent ou entravent l'alimentation du cœur gauche.*

Il est des exercices qui ont pour effets d'imprimer au sang qui se meut dans certaines portions du cercle circulatoire, tantôt une accélération, tantôt un ralentissement, qui jettent de la perturbation dans les fonctions du cœur.

Parmi ces exercices je citerai la course. Tout le monde sait qu'il suffit de courir pendant quelque temps pour se donner des battements de cœur, qui seront d'autant plus forts et dureront d'autant plus que la course aura été plus longue et plus précipitée. Le système nerveux est complètement étranger aux causes de ces battements dus exclusivement à des changements apportés dans l'alimentation et le débit des cavités cardiaques. En effet, il se produit dans la course deux ordres de phénomènes qui méritent l'attention : d'une part, un ensemble de contractions musculaires fortes et rapides, surtout des membres inférieurs, qui ont pour effet d'imprimer à la circulation veineuse une accélération qui fait arriver le sang en abondance dans l'oreillette et le ventricule droits ; d'autre part, cet exercice ne s'accomplit pas sans une suite d'efforts répétés qui entravent les mouvements respiratoires et ralentissent considérablement la circulation pulmonaire.

Aussi, pour peu qu'il dure il en résulte :

1° Une dilatation des cavités droites du cœur qui se constate à la percussion, s'accuse par des battements énergiques à l'épigastre, et s'accompagne d'hyperhémie veineuse ;

2° Une diminution des cavités gauches du cœur se constatant également par la percussion et s'accusant aussi au niveau de la région mammaire gauche, mais par un signe contraire, je veux dire la faiblesse des battements du ventricule gauche ;

3° Une hyphémie artérielle qui se trahit par la diminution de la crosse de l'aorte, la faiblesse du pouls, et quelquefois la syncope même mortelle quand cet exercice est poussé trop loin, comme cela est arrivé à ce soldat qui courut d'une seule traite de Marathon à Athènes pour annoncer la victoire à ses concitoyens et tomba mort aussitôt sur la place publique.

4° Une dyspnée parfois excessive.

Ces phénomènes, que l'on constate en observant immédiatement un sujet cessant de courir, ne tardent pas à faire place à des phénomènes opposés, c'est-à-dire que le cœur droit se désemplit ainsi que le système veineux, tandis que le cœur gauche se dilate, bat violemment et élève la pression artérielle, en même temps que la dyspnée disparaît.

Ces troubles apportés par la course dans les fonctions du cœur et retentissant sur le pouls s'expliquent aisément : d'abord il se produit à la fois une *alimentation exagérée* du cœur droit avec heurt due aux contractions musculaires, et un obstacle à *son débit* par suite des efforts qui entravent la petite circulation. Sous l'influence de ces deux causes le cœur droit est forcé de se dilater considérablement et de se contracter énergiquement pour se vider ; d'où battements violents et rapides à l'épigastre. L'obstacle apporté à la circulation pulmonaire par les efforts de la course diminue l'alimentation du cœur gauche dont les cavités se resserrent, d'où diminution de son volume et faiblesse de ses battements à la région mammaire.

Mais, en même temps, par le fait d'une alimentation insuffisante, son débit faiblissant est suivi d'hyphémie artérielle. Cette diminution de pression favorisant le travail du ventricule gauche, se joint à sa solidarité avec le ventricule droit vivement excité par l'accumulation du sang, pour imprimer au cœur des contractions rapides qui élèvent la fréquence du pouls jusqu'à 150 par minute, et même davantage comme dans l'observation rapportée plus bas.

En cessant de courir, le sujet se livre à des mouvements respiratoires précipités qui activent la circulation pulmonaire, favorisent le débit du cœur droit et exagèrent les recettes du cœur gauche. Sous l'influence de cette suralimentation animée d'un mouvement propulsif rapide, le cœur gauche se dilate à son tour, bat énergiquement et vite. Energiquement, parce qu'il a de fortes ondées à chasser ; vite, parce qu'au moment de l'arrêt de la course, il a peu de résistance à vaincre pour les lancer dans l'aorte et qu'aussitôt vidé, il se remplit immédiatement et se trouve brusquement excité par l'entrée rapide du sang accumulé dans l'oreillette gauche et les veines pulmonaires.

Cette fréquence faiblit vers la fin de la première minute parce qu'alors la pression artérielle s'élève ainsi que le montre la dilatation de la crosse de l'aorte.

D'ailleurs, pour se représenter facilement les modifications que la course apporte dans les fonctions du cœur et dans la fréquence du pouls, il suffit de lire attentivement l'observation suivante.

OBSERVATION VI.

Influence de la course sur le volume des cavités cardiaques et la crosse de l'aorte, sur le rythme des battements du cœur et sur la fréquence du pouls.

Le 2 juin 1896, jour à température extérieure élevée, P..., 24 ans, bien développé, a le pouls à 86 ; la limite de la crosse aortique passe en A ; celle du V G en V et de l'O D en O. Je lui fais parcourir en courant, d'abord 240 mètres en 100 secondes ; et peu après 160 mètres en 60 secondes.

Examiné immédiatement après chaque course, je constate que les battements du cœur sont énergiques à l'épigastre et faibles au niveau de la région mammaire gauche. La limite de l'O D passe en O^1, celles du V G en V^1 et de l'aorte en A^1. La fréquence du pouls, compté pendant les dix secondes suivant les cinq premières de la minute à partir de l'arrêt de la course est de 26, soit 156. Un peu avant que la première moitié de cette minute ne soit écoulée, les battements du cœur gauche deviennent plus forts, et continuent à augmenter d'intensité jusqu'à la fin de la première minute ; par contre ceux du cœur droit s'affaiblissent.

Alors, la limite du V G passe en V^2 ; celle de l'aorte arrive en A^2 après s'être éloignée peu à peu de A^1 ; celle de l'O D qui, vers le milieu de la première minute s'était retirée en O^2, revient en O. Le pouls compté dans les dix dernières secondes de la première minute ne donne plus que 94. *Voir Pl. VIII.*

D'autres exercices tels que le cyclisme, l'ascension d'une montagne, la natation, l'escrime, etc,, etc., peuvent, si le sujet s'y livre avec ardeur, produire des changements analogues dans le rythme des battements du cœur. Lorsque la pression artérielle est devenue très faible comme dans l'ascension des hautes plaines de l'Himalaya on a vu des individus mourir subitement de syncope à la suite d'un effort qui suspend la circulation pulmonaire. Il en est de même des convulsions qui,

Pl: VIII

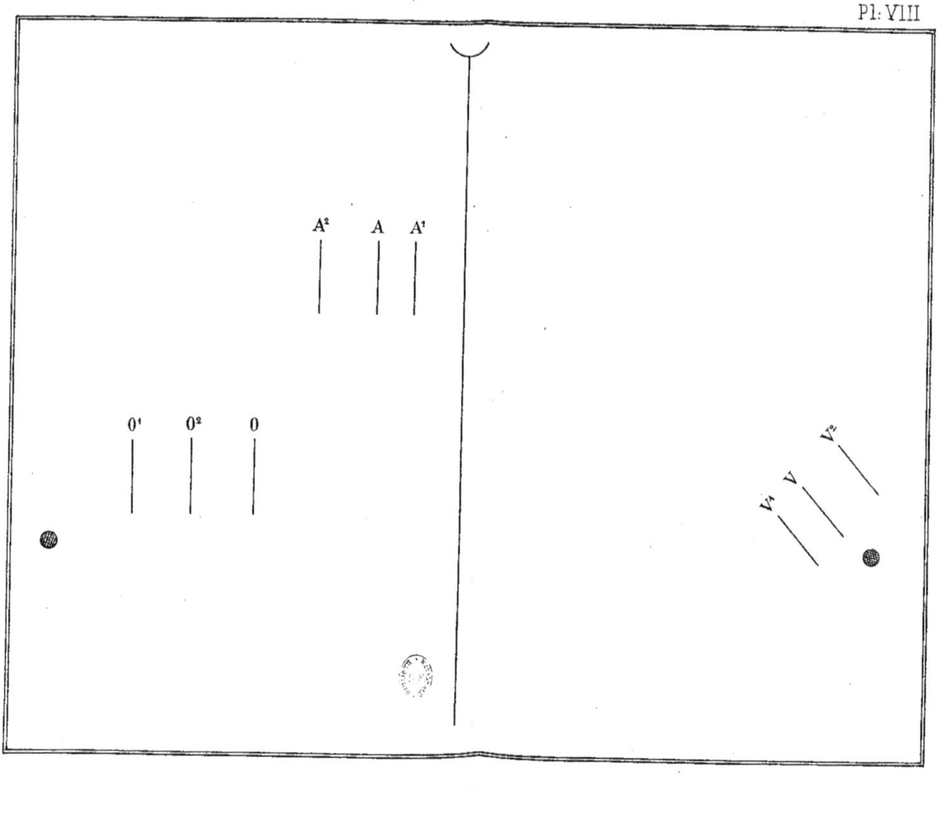

A² A A¹

0¹ 0² 0

V¹ V V²

comme l'épilepsie, l'éclampsie, troublent l'harmonie des fonctions cardiaques et causent les mêmes troubles circulatoires que ceux produits par la course.

ARTICLE IV.

Débit du cœur gauche.

§ 29. — *Les contractions du ventricule gauche chassent dans l'aorte le sang qu'il reçoit entre chaque systole.*

De même que pour le ventricule droit, c'est l'excitation causée sur l'endocarde par la présence du sang, qui provoque les contractions du ventricule gauche. Normalement le cœur se contracte chez l'adulte 72 fois par minute. Nous venons de voir que l'intensité et la fréquence des battements sont subordonnés à l'alimentation du cœur et aux conditions dans lesquelles elle s'effectue. Ils sont d'autant plus forts et plus rapides que le sang arrive dans le ventricule gauche en plus grande abondance et avec plus de vitesse. Toutefois, il importe de faire remarquer que le rythme des battements du cœur ne dépend pas seulement de son alimentation, mais aussi des conditions de son débit.

§ 30. — *Des causes qui favorisent le débit du cœur gauche.*

A chaque systole, le ventricule gauche chasse dans l'aorte une ondée sanguine que les physiologistes ont évalué à 180 grammes. Pour la faire pénétrer dans ce vaisseau la force du cœur doit soulever les valvules sigmoïdes, et vaincre une résistance qui normalement fait équilibre, dans cette région circulatoire, à une colonne de 20 ctm. de Hg.

Il est évident que si l'ondée sanguine diminue et que la pression artérielle baisse, le travail du cœur devient plus facile. C'est ce que l'expérience apprend en montrant que, dans ces conditions, le cœur bat plus vite ; faits et rapport que Marey a formulés dans la loi suivante : *le cœur bat d'autant plus fréquemment qu'il éprouve moins de peine à se contracter.*

Je n'entrerai pas dans l'exposé des faits qui servent de base à la loi de Marey. Je me contenterai de rappeler que la diminution de la masse du sang, soit par hémorragie ou autrement, a pour effet d'abaisser la pression artérielle. Le même phénomène se manifeste toutes les fois que sous l'influence, par exemple de la chaleur, les artérioles se dilatent. Alors le sang, trouvant un passage facile des artères dans les veines, accélère son cours, diminue dans les artères et augmente dans les veines. Ce fait est comparable à celui qui se produit dans un fleuve dont on ouvre les écluses : le lit du fleuve baisse en amont des écluses et le cours de l'eau s'accélère.

Ces conditions circulatoires font que, pour le cœur, il est plus facile et plus prompt, de chasser par exemple 80 grammes de sang au lieu de 180, et de le débiter dans un milieu où la pression s'est abaissée.

Le travail représenté par chaque systole étant plus court et plus facile, on comprend que le cœur puisse en exécuter davantage dans un même laps de temps, d'autant plus que chaque distole est ainsi raccourcie par la vitesse imprimée au mouvement circulatoire, vitesse qui a pour effet de précipiter l'alimentation du cœur qui est rapidement complète, en raison du resserrement de ses cavités par le fait de la diminution de la masse sanguine.

§ 31. — *Causes qui modifient le rythme des battements du cœur en rendant le débit du ventricule gauche plus ou moins malaisé.*

Ces causes sont toutes celles qui élèvent la pression artérielle. Je citerai la pléthore, la contraction des artérioles sous l'influence du froid, de la peur ou de la douleur, la contraction musculaire surtout lorsqu'elle s'exerce d'une façon continue sur les muscles des quatre membres.

Je montrerai dans la suite comment il est facile de s'assurer *relativement* du plus ou moins d'élévation de la pression arté-

Pl: IX.

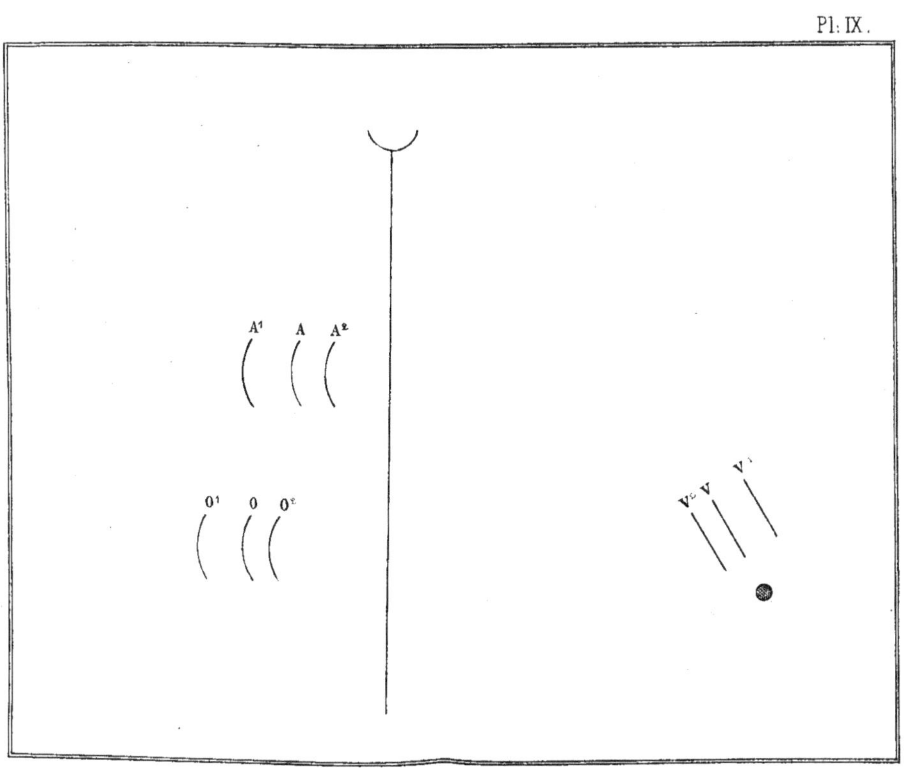

rielle par la plessimétrie de la crosse de l'aorte, qui augmente ou diminue suivant que la pression du sang s'élève ou s'abaisse.

Pour le moment je vais citer l'observation suivante qui fait voir l'effet, sur la pression artérielle, de la contraction continue des membres.

OBSERVATION VII.

Influence de la contraction continue des quatre membres sur la dilatation de l'aorte et des cavités cardiaques.

Le 18 octobre 1895, le sujet A... est couché à plat sur un parquet. La limite de l'aorte est représentée par la ligne A, celle du V. G. par la ligne V et celle de l'O. D. par la ligne O. Je lui fais contracter sans efforts et maintenir en contraction permanente, les muscles des quatre membres. Presqu'aussitôt, c'est-à-dire en deux ou trois secondes, la crosse aortique se dilate et sa limite arrive en A^1 ; celle du V. G. en V^1 et de l'O. D. en O^1. En faisant cesser la contraction, ces organes diminuent, leurs limites se retirent en quelques secondes en A^2, V^2 et O^2, pour ne pas tarder à reprendre leur situation ordinaire. *Voir PL. IX.*

§ 32. *L'élévation lente et continue de la pression artérielle impose au cœur un surcroit de travail qui en ralentit les battements.*

L'influence de la pression artérielle sur la fréquence des battements du cœur et du pouls a été démontrée par Marey qui l'a ainsi formulée : *la fréquence du pouls est en raison inverse de la tension artérielle.*

Il est exact que dans bien des cas la fréquence du pouls varie en sens inverse de la pression artérielle. Qu'elle s'abaisse par hémorragie ou par relâchement des petits vaisseaux, le cœur s'accélère et le pouls augmente de fréquence ; qu'elle s'élève par la pléthore acquise ou artificielle, c'est le contraire qui a lieu. Cette différence dans la fréquence des battements du cœur s'explique par la différence dans le travail qui lui est imposé. Dans le premier cas, ayant une ondée sanguine volumineuse à chasser dans un milieu dont la pression est élevée, il doit se contracter plus énergiquement et plus longtemps ; d'où battements nécessairement moins nombreux. Dans le second, n'ayant à lancer qu'une petite ondée dans un milieu où la pression est abaissée, il n'a à dépenser que des contractions faibles, de courte durée ; d'où leur fréquence.

§ 33. — *La loi de Marey n'est pas susceptible d'une application générale. Faits à lui opposer.*

S'il est vrai que souvent la fréquence du pouls est en raison inverse de la tension artérielle, il est aussi vrai qu'il n'en est pas toujours ainsi. C'est d'ailleurs ce que Marey a reconnu en observant une accélération des battements du cœur et une élévation de la pression artérielle chez un animal que l'on fait manger. Il a constaté le même fait sous l'influence de la contraction violente des muscles des jambes (1).

Burdach rapporte que quand on se contente de lier les artères pour empêcher que le cœur ne se vide, il se contracte plus fréquemment et avec plus de violence que quand le sang est libre d'y entrer et d'en sortir (2).

Les expériences de de Bezold lui ayant appris que si, après la section de la moelle épinière en arrière du bulbe rachidien, on électrise la moelle au-dessous de la section, la pression artérielle s'élève aussitôt en même temps que les battements du cœur s'accélèrent, il en avait conclu, à tort selon moi, que la moelle possède un centre d'excitation agissant sur le cœur.

Ludwig et Thiry, répétant ces expériences, obtinrent les mêmes résultats en rendant impossible tout action directe de

(1) *De la circulation du sang*, p. 225, Paris, 1863.
(2) Loc. cit., T VI, p. 299.

la moelle sur le cœur, par la destruction Galvanocaustique, de tous les nerfs qui vont de la moelle au cœur. Ils conclurent que l'élévation de la pression artérielle était due à la contraction des artérioles par suite de l'excitation de la moelle, et que l'accélération des battements du cœur en était la conséquence. Ils prouvèrent même que, sans excitation de la moelle et par la simple compression de l'aorte au-dessus de sa bifurcation, on obtient les mêmes résultats, c'est-à-dire augmentation de pression avec accélération du cœur (1).

Il m'est arrivé bien souvent, ainsi que je le rapporte dans diverses observations ci-dessous, d'accroître le nombre des battements du cœur en élevant la pression artérielle. En ce moment, je constate qu'un jeune homme dont le pouls, à 74 en situation assise, descend à 66 en le faisant coucher horizontalement. En lui levant les membres inférieurs en l'air, le pouls s'élève à 72. Remis en situation horizontale, il descend à 64 pour s'élever de nouveau à 72 par la compression des artères fémorales.

En cessant la compression, il s'accélère et donne 14 pulsations dans le cours des dix premières secondes, soit 84 à la minute. Par l'élévation des quatre membres, il arrive après une minute, à 78.

Ces faits ne détruisent en rien l'exactitude de ceux observés par Marey ; mais ils prouvent que les battements du cœur peuvent être accélérés par des causes contraires, mais agissant d'une autre façon.

§ 34. — *Explication de la fréquence des battements du cœur par l'élévation subite de la pression artérielle.*

J'ai dit plus haut comment on peut expliquer la fréquence des battements du cœur par l'abaissement de la pression artérielle. Pour interpréter le même fait consécutif à une *élévation subite* de cette pression, ce qui est toujours le cas, il ne

(1) Vulpian, leçons sur l'appareil vaso-moteur. T. I, p. 351, Paris, 1875.

faut pas oublier que le sang est l'excitant des contractions cardiaques ; que son mouvement diastolique est ainsi que je l'ai démontré (1) d'autant plus prononcé que la tension artérielle est plus élevée; que par conséquent il reçoit plus de sang; que ce sang exerce une excitation plus intense sur l'endocarde attendu que pour pénétrer dans l'aorte il doit être soumis à une plus forte pression ; que ces divers effets créés par l'élévation de la tension artérielle ont pour conséquence d'aiguillonner le cœur et de l'exciter vivement; d'où contractions plus fortes et plus fréquentes. — Ce fait n'est pas d'ailleurs particulier au cœur. Tout organe, creux et contractile, entre en contraction sous l'influence de l'excitation que son contenu exerce sur sa tunique interne. Plus ce contenu augmente et plus il distend l'organe, plus aussi il cause d'excitation et plus la contraction est intense et fréquente. Il en est ainsi de l'estomac, du tube digestif, de la vessie, de la matrice, etc. — Toutefois, il y a, à cette distension, une limite au-delà de laquelle la contractilité de l'organe s'affaiblit et s'épuise. Ainsi en est-il du cœur qui tombe plus ou moins facilement en asystolie, suivant le degré de puissance du myocarde.

§. 35. — *La diminution de la force et de la fréquence du pouls dans l'algidité loin d'être l'effet d'un excès de tension artérielle, est la conséquence d'une alimentation insuffisante du cœur gauche.*

Parmi les faits sur lesquels Marey s'est appuyé pour établir sa loi, ceux qui se rapportent à l'algidité sont passibles d'une autre interprétation. Dans son travail sur la circulation du sang, au chapitre *de l'algidité*, page 371, Marey pense que les symptômes qui caractérisent cet état sont dus à la contraction des petits vaisseaux qui a pour effet d'élever la tension artérielle, de rendre le pouls rare et faible, excepté dans le cas où l'algidité résulte d'un abaissement de pression causé par une hé-

(1) *Recherches sur l'activité de la diastole ventriculaire.*

morragie. Alors la fréquence du pouls est augmentée. En dehors de cette cause ce même état morbide s'observe dans les *fièvres pernicieuses*, le *choléra*, la *péritonite*, dans les affections graves de la partie sous-diaphragmatique du tube digestif, comme les *hernies*, les *étranglements intestinaux*; dans l'*angine de poitrine*, le *mal de mer*, le *vomissement* ou après un *bain froid* ou à la suite du *tartre stibié*.

Dans ces divers cas l'algidité est-elle accompagnée d'une élévation de la pression artérielle ? *Oui* et *non*.

Je dis *oui* pour le début de l'algidité, c'est-à-dire qu'au moment où les petits vaisseaux se contractent ainsi que les fibres cellules du derme, que la peau se refroidit, et qu'en même temps cette contraction se manifeste dans les organes internes, tubes digestif, rate, poumons etc., et cela en vertu de la *loi de corrélation de l'identité des états physiologiques des fibres lisses internes et périphériques* dont je parlerai plus tard, la tension artérielle s'élève parce que la contraction des petites artères et de quelques organes internes non seulement entrave le cours du sang mais lui imprime vers les valvules sigmoïdes, un *remous* qui se traduit par une dilatation de l'aorte. A cette cause il faut ajouter que la contraction du poumon et de ses petits vaisseaux se produisant au même instant, imprime au sang qu'ils contiennent un mouvement accélérateur vers le cœur gauche qui s'accuse par une dilatation de l'oreillette et du ventricule suivie de contractions qui font affluer dans l'aorte de plus fortes ondées sanguines concourant aussi à sa dilatation. Seulement, cette élévation de la tension artérielle ne dure pas. Elle fait rapidement place à un abaissement tel que parfois la tension devient nulle. Le mécanisme de ce nouvel état, opposé au premier, est facile à comprendre. En effet, sous l'influence de la contraction pulmonaire qui accompagne l'algidité, les portes des écluses cardiaques se ferment et interrompent plus ou moins le cours du sang vers le cœur gauche. Celui-ci, insuffisamment alimenté, ne peut remplacer le sang qui, malgré la contractilité des petits vaisseaux, finit par sortir des artères. Il en résulte forcément un abaissement de la tension artérielle qui s'accuse par la diminution de la crosse aortique, et une hypertension veineuse qui se traduit par la dilatation de l'oreillette droite et de l'artère pulmonaire.

Ces interprétations ne sont pas de simples vues de l'esprit ; elles résultent de faits faciles à constater ainsi que le lecteur pourra en juger par ce qui suit.

OBSERVATION VIII

Effets d'une douche froide sur les poumons, sur le volume des cavités cardiaques et de l'aorte.

Le nommé F..., âgé de 19 ans, faible de constitution, a la limite de l'aorte en A, du VG en V, et de l'OD en O. Les bords antérieurs des poumons se touchent sur la ligne médiane.

Ce sujet reçoit sur la nuque et sur le dos une douche froide en pluie. Presqu'immédiatement la crosse de l'aorte se dilate et atteint A^1 en un quart de minute ; les poumons s'écartent de la ligne médiane en P ; le VG, dont je n'ai pas le temps de tracer la limite, se dilate ainsi que l'OD qui arrive en O^1. En moins d'une minute les bords des poumons se sont retirés en P^2, l'OD arrive en O^2, et peu après la crosse de l'aorte qui a diminué, n'arrive plus qu'en A^2 et la VG en V^1. *Voir Pl. X.*

Par cette observation et la figure qui l'accompagne, il est facile de comprendre comment le froid produit d'abord une élévation de la tension artérielle suivie rapidement d'un abaissement.

En voici une autre où des effets analogues sont produits par le tartre stibié.

Pl: X.

P¹ P P P¹

A¹ A A²

O² O¹ O

V¹ V

Pl: XI

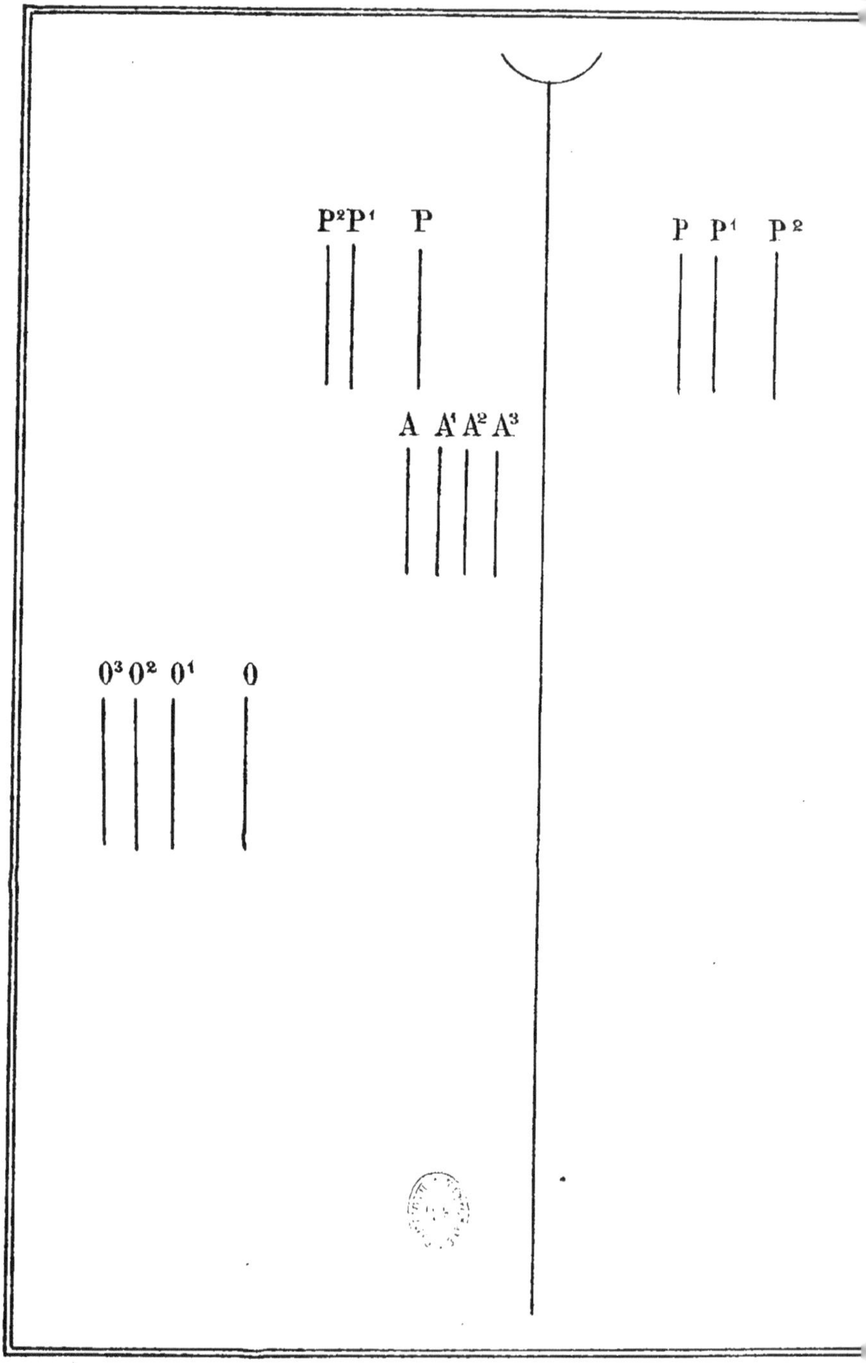

P^2 P^1 P

P P^1 P^2

A A^1 A^2 A^3

O^3 O^2 O^1 O

OBSERVATION IX

Action du tartre stibié sur la contraction des poumons, sur le cœur, l'aorte et le pouls.

Le nommé F..... 20 ans, est atteint d'atélectasie du sommet droit. Le 5 juin 1896, je le vois à 8 heures du matin. Il est couché, son pouls est à 57 ; la pression artérielle mesure 14 ctm au poignet ; le PD est à la ligne P ; le droit arrive à la ligne M S ; la limite de l'OD passe en O et celle de l'aorte en A. Je lui fais prendre 5 ctg de tartre stibiée dans un tiers de verre d'eau.

Après 3 minutes le bord antérieur du PD se retire en P^1 et celui du gauche en P ; la limite de l'aorte passe en A^1 ; le pouls est à 72.

Après 8 minutes le bord du PG est en P^1 ; la limite de l'aorte en A^2, celle de l'OD en O^1, et le pouls bat 60 au bout de 10 minutes et devient petit.

Après 14 minutes, aorte en A^3, OD en O^2, pouls petit, dépressible, toujours à 60 ; pression artérielle au poignet à 10 ctm.

20 minutes se sont écoulées sans vomissements ; alors les bords des poumons passent en P^2 : celle de l'aorte ne change pas, tandis que l'OD s'avance en O^3. *Voir Pl. XI.*

Voyant qu'au bout de 40 minutes il ne survient pas de vomissements et que les limites des organes précités restent les mêmes, je quitte le malade.

Le lendemain j'apprends qu'il n'a commencé à vomir qu'à 9 heures 1/2, que ces vomissements se sont répétés pendant une demi-heure, et qu'ensuite il a respiré plus facilement.

Cette observation nous montre que sous l'influence du tartre stibié les poumons se contractent, l'oreillette droite se dilate et l'aorte diminue. Je n'ai pas constaté la dilatation primitive de ce vaisseau par la raison que la contraction des petits vaisseaux et des poumons s'est établie lentement ; ce qui n'a pas permis au sang artériel de subir un *remous* vers les valvulves sygmoides, et à celui des poumons d'affluer brusquement dans le ventricule gauche.

Il est certain que si j'eusse pu attendre le moment où les vomissements se sont produits, j'aurais observé des phénomènes plus accentués.

§ 36. — *Identité des troubles circulatoires observés dans le stade d'algidité des fièvres pernicieuses, et dans la période algide du choléra.*

Les mêmes troubles circulatoires dus au même mécanisme s'observent dans la forme algide des fièvres pernicieuses et dans la première période du choléra, deux états morbides si ressemblants. Bien qu'au moment où j'ai observé ces affections je n'eusse pas les connaissances qui me permettent aujourd'hui d'interpréter les phénomènes de *l'algidité*, je ne suis pas moins convaincu que dans ces cas, il existe une contraction pulmonaire qui fait la gravité de ces maladies par l'obstacle qu'elle apporte à la petite circulation. Ce qui me donne cette assurance, ce sont non-seulement l'analogie des formes de *l'algidité*, mais principalement les symptômes observés et surtout les lésions cadavériques.

Dans le stade d'algidité des fièvres intermittentes les artères se vident, la respiration est courte,le murmure respiratoire est faible, il y a de l'oppression, des palpitations, le pouls d'abord fréquent, petit, devient irrégulier, rare, inégal et disparaît ; le cœur droit est dilaté au point que Sébastien, cité par Griesinger (1), a constaté un cas de rupture de l'oreillette droite dans le stade de frisson; le système veineux est distendu à un degré tel que la peau devient livide, que parfois il se forme des pétéchies par rupture des capillaires et que la rate se déchire.

(1) *Traité des maladies infectieuses*, p. 38, Paris, 1877.

A l'autopsie on remarque une réplétion des sinus veineux, de la congestion des vaisseaux de la périphérie de l'encéphale, des méninges et du cerveau; de même pour la moelle. Quant aux poumons ils sont généralement sains ; mais le cœur est volumineux par la dilatation du droit rempli de caillots, tandis que le gauche se trouve vide et présente, disent les auteurs, une hypertrophie de ses parois ; ce qui s'explique par le retrait qu'elles subissent par le fait de la vacuité du ventricule. Du côté de l'abdomen, c'est une congestion veineuse générale de tous les organes.

Si l'on compare ces symptômes et ces lésions à ceux de la période algide du choléra, on voit qu'ils sont analogues. En effet, dans celui-ci qu'observe-t-on dans la première période? Une peau froide, plissée, violacée, bleuâtre, presque noire aux lèvres ; un pouls petit, fréquent, puis rare, disparaissant par la simple élévation du bras et finissant par devenir insensible; des palpitations et parfois des syncopes à la suite d'un mouvement modéré ; de l'oppression, une haleine froide, une voix presque éteinte ; des artères vides ou presque vides ainsi que l'a montré Magendie en les ouvrant sur des cholériques ; un cœur gauche qui finit par ne plus recevoir de sang, comme l'a prouvé Dieffenbach en introduisant chez un cholérique à la période d'agonie, un cathéter par l'artère axillaire à peu près jusque dans le cœur, sans qu'il s'écoulât aucune goutte de sang et sans que l'instrument en contînt (1). L'examen anatomo-pathologique de la période algide est aussi instructif. Ce sont des poumons pâles, très rétractés, anémiés, sauf en arrière. En aval, un cœur gauche contracté presque vide ainsi que les artères. En amont, une artère pulmonaire pleine de sang, un cœur droit très distendu par du sang coagulé, ainsi que l'ensemble du système veineux.

En présence de ces faits, il faut nécessairement arriver à cette conclusion que leur cause immédiate réside dans la contraction des vaisseaux pulmonaires. Je sais que l'on peut

(1) Griesinger, loc. cit., p. 665.

invoquer contre cette théorie l'épaississement du sang, consécutif aux transsudations qui, dans le choléra, s'opèrent à la surface de la muqueuse du tube digestif. Mais que répondre dans les cas où les mêmes phénomènes se produisent, alors que la transsudation n'est pas assez abondante pour épaissir le sang ?

Tout en faisant ce rapprochement comparatif, je dois faire remarquer que dans un travail postérieur, *Essai d'une théorie physiologique du choléra* (1), Marey a, à propos de cette maladie, modifié sa manière de voir en reconnaissant que la tension artérielle est faible, et que cette faiblesse est due au spasme des capillaires pulmonaires et des radicules bronchiques, ce qui est absolument certain.

§ 37. — *Remarques relatives aux divers caractères du pouls dans l'algidité,*

Au début des phénomènes algides, le pouls est tantôt normal, tantôt accéléré. Cette différence s'explique suivant le moment précis où il est observé, et suivant aussi l'intensité et la généralisation plus ou moins rapide des phénomènes algides. Ainsi, je suppose que le pouls soit compté tout-à-fait au commencement de l'algidité, alors que les poumons entrent à peine en contraction ; il est possible que son rythme ne soit pas modifié. S'il est observé au moment même où les contractions pulmonaires sont énergiques, alors il deviendra plus rapide en raison d'un excès momentané d'alimentation du cœur gauche.

Cette fréquence augmentera par suite de la continuité de la contraction pulmonaire, mais par le fait d'une alimentation insuffisante du cœur gauche entraînant une diminution de tension artérielle qui rend le travail du ventricule plus facile. Enfin, si le pouls est observé alors que l'algidité dure depuis un certain temps, on le trouvera rare, faible, ou insensible, à

(1) *Gazette hebdomadaire*, 1865, p. 743 et 762.

cause du défaut d'alimentation du cœur gauche qui ne peut chasser ce qu'il ne reçoit plus, et cela par suite de l'obstacle que la contraction des poumons apporte à la petite circulation.

Ces phénomènes se produisent dans un grand nombre de circonstances parmi lesquelles je citerai les efforts, la toux, l'éternuement, et les vomissements. Dans ces cas, il se passe momentanément trois grands faits :

1° Un arrêt du passage du sang des artères dans les veines par suite de la compression des petits vaisseaux occasionnée, dans la grande circulation, par la contraction musculaire; et dans la petite, par la compression des poumons.

2° Un remous du sang contre les valvules sigmoïdes qui se traduit par une dilatation de la crosse de l'aorte et de l'artère pulmonaire ; remous provoqué, dans la grande circulation, par la compression que les artères des membres et de la cavité abdominale subissent de la part des contractions musculaires ; et dans la petite, par la compression des poumons qui se transmet aux divisions de l'artère pulmonaire.

3° Une accélération, par l'effet des mêmes causes, du sang contenu dans les veines de la grande et de la petite circulation.

Ces phénomènes se constatent facilement au moyen de la plessimétrie. Il suffit d'abord de limiter la face externe de l'artère pulmonaire (voir pl. II) et la face supérieure de l'oreillette gauche, pour constater qu'au moment des efforts, ou de la toux, ces organes se dilatent considérablement et brusquement. En ce qui concerne l'aorte, ce vaisseau subit une compression qui rapproche la limite de sa face externe de la ligne médio-sternale ; mais ce fait est loin d'indiquer une absence de remous et une diminution de pression, attendu qu'aussitôt la cessation de l'effort, la limite de l'aorte se porte au delà de sa limite ordinaire. Or, une dilatation brusque de ces gros vaisseaux ne peut avoir lieu que par un remous du sang vers les valvules sigmoïdes. Par contre, la dilatation de l'oreillette gauche est provoquée par l'entrée rapide du sang contenu dans les veines pulmonaires.

Ces troubles circulatoires ont pour effet d'accélérer les mouvements du cœur. Cette accélération est due aux diverses excitations subies par ce viscère au moment des efforts, de la toux, etc.

D'abord les parois ventriculaires sont excitées par la propagation des vibrations qu'éprouvent les valvules sigmoïdes, au moment du choc en retour, et par la traction qu'exercent sur elles les parois de l'aorte et de l'artère pulmonaire forcées de se dilater par le remous du sang. En même temps, l'excitation causée par le sang sur l'endocarde, devient plus vive par suite de l'élévation de la pression intraventriculaire. C'est aussi à la même cause, c'est-à-dire à l'excès de pression intra-ventriculaire, qu'il faut attribuer les violents battements de cœur observés quelquefois chez l'homme pendant la transfusion. Enfin, au même moment, la surface extérieure du cœur se trouve aussi excitée par la compression qu'exercent sur elle les organes qui l'entourent.

Il en résulte qu'un même phénomène a pour effet d'exciter à la fois l'endocarde, le péricarde et le myocarde ; ce qui est plus que suffisant pour expliquer l'accélération des mouvements du cœur.

Cette accélération, je l'ai constatée bien des fois. Sur un jeune homme dont le pouls bat 64 fois à la minute, je lui fais exercer sur un dynamomètre une pression de 50 kgr. Aussitôt le pouls s'accélère et donne 15 pulsations en 10 secondes, soit 90 à la minute. En cessant la pression, il se ralentit immédiatement et ne bat plus que 10 fois dans les 10 secondes suivantes.

Voici une observation où les effets sont plus marqués.

———

Pl: XII

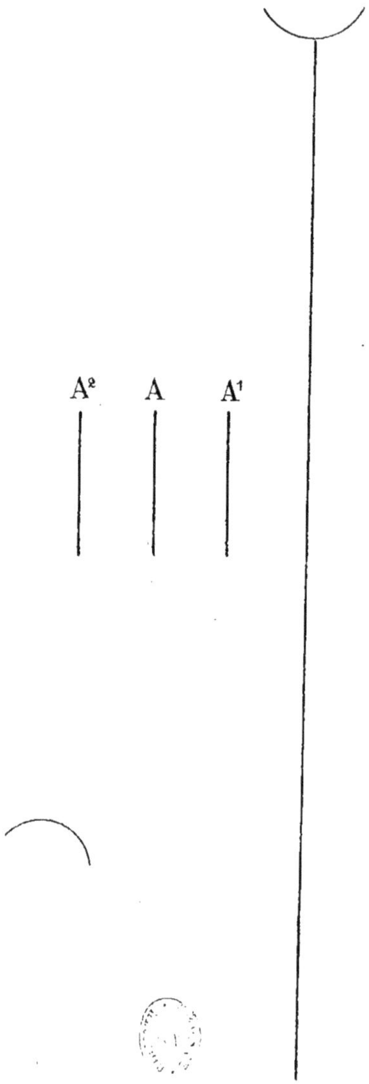

A[2] A A[1]

OBSERVATION X

Accélération des battements du cœur sous l'influence de l'élévation de la pression intra-ventriculaire par un effort.

Le 26 juin 1896, après-dîner, P... a l'aorte en A ; la pression artérielle au poignet est à 18 ctm. et le pouls donne 18 au quart de minute.

Pendant la même durée, je lui fais exercer avec la main droite, sur un dynamomètre, une pression s'élevant à 40 kgr. Le pouls, compté à partir du début de la pression, s'accélère immédiatement et bat 27 au quart, soit 36 pulsations en plus par minute. Aussitôt que la pression cesse il se ralentit et ne bat plus que 17 fois dans les quinzes secondes suivantes.

En même temps, au moment où commence la pression dynamométrique qui est accompagnée d'un effort soutenu, l'aorte se retire rapidement en A^1, pour ensuite se porter, non moins rapidement, en A^2 aussitôt que l'effort cesse. Au début de l'effort, la pression artérielle s'élève au poignet à 20 ctm. ; mais elle ne tarde pas à descendre à 16 pour peu que l'effort se prolonge. (*Voir Pl. XII*).

Pendant l'effort le V G diminue un peu.

Cet exercice plusieurs fois répété donne toujours les mêmes résultats.

Sur le même sujet j'ai constaté qu'outre ces changements dans la fréquence du pouls et le volume de la crosse de l'aorte, une pression dynamométrique de 37 kgr. augmentait en quelques secondes, de deux ctm. la hauteur de l'O G qui, chez ce sujet, mesure normalement 53 mm. En prolongeant la pression, cet organe descend en près de 3/4 de minute à 4 ctm. Sous l'influence d'une pression de 46 kgr. la limite supérieure de l'O G s'élève rapidement de près de 3 ctm.

Il m'est arrivé de l'examiner au moment où le pouls battait 27 fois par quart de minute, et de le faire élever immédiatement à 32, en lui faisant raidir un bras, soit une différence en plus de 20 pulsations à la minute.

Cette observation montre que, sous l'influence d'un effort modéré, la crosse de l'aorte subit une compression qui diminue sa convexité et la rapproche à 11 mm. de la ligne M S, c'est-à-dire de A en A¹. Cette compression qui s'étend à toute l'aorte thoracique et même abdominale a pour effet de diminuer dans un sens le calibre de ce vaisseau, et d'augmenter la pression artérielle qui se traduit au pouls par 20 ctm. de mercure au lieu de 18.

J'ai aussi constaté les effets de la toux sur la fréquence des battements du cœur, et reconnu qu'elle est due à des modifications dans l'alimentation et le débit du cœur. Ainsi, un jeune homme de 24 ans sanguin et impressionnable a le pouls à 90; sous l'influence de quelques quintes de toux il s'élève à 128.

Un autre a le pouls à 72; sous la même influence il atteint 120.

Le pouls d'une troisième personne, fille, marque 78 et s'élève à 112 par l'effet de la même cause.

En présence de ces faits qui s'expliquent facilement par des actions mécaniques, comment serait-il possible d'invoquer et de justifier l'influence du système nerveux!

L'action excitante du sang refoulé contre les valvules sigmoïdes, est un fait qui a été bien des fois observé dans les expériences sur les animaux. « Les causes, écrit Sénac, qui « poussent le sang dans le cœur ne sont pas les seules qui en « raniment le mouvement. La compression subite de l'aorte, « l'injection qu'on a faite dans cette artère, a fait renaître ces « mouvements. L'aorte étant comprimée, le sang qui y est « ramassé est repoussé vers le cœur. L'impression que fait le « sang sur les valvules sigmoïdes donne une secousse au « cœur, de cette secousse résulte un renouvellement d'action. « Cela est-il surprenant, puisque le doigt seul appliqué une « fois au cœur a rappelé les contractions de l'oreillette, suivant « le témoignage de Sténon? (1).

(1) Loc. cit. t. I, p. 327.

§ 38. — *Circulation pulmonaire artificielle.*

Le remous du sang, contenu dans les divisions de l'artère pulmonaire, contre les valvules sigmoïdes, par l'effet de la compression des poumons, ainsi que l'accélération vers l'oreillette gauche de celui des veines pulmonaires, sont des faits qu'il est facile d'observer non seulement par la plessimétrie, mais aussi par la circulation artificielle.

Expériences sur la circulation artificielle du sang à travers les poumons du mouton.

Je prends sur un mouton les poumons et le cœur sans léser leurs rapports vasculaires. Par une ouverture pratiquée sur la face postérieure de l'oreillette gauche, j'introduis deux tubes de verre, à bords renversés un peu en dehors et dont les orifices répondent à ceux des veines pulmonaires. Les parois auriculaires avoisinant l'embouchure de ces veines, sont fortement liées sur les tubes dont les extrémités externes sont garnies d'un bout d'intestin du même animal. La veine cave inférieure est liée, et la supérieure reçoit un robinet sur lequel elle est fixée. Ce robinet communique par un tuyau en caoutchouc avec un flacon qui doit recevoir le sang de mouton, passé à travers un linge fin. La trachée est aussi fixée sur un robinet communiquant avec un grand soufflet.

Dans l'artère pulmonaire, j'introduis une canule communiquant, par un tuyau en caoutchouc, avec un hémomètre.

Après que les poumons, le cœur et le sang ont été échauffés en les plongeant dans de l'eau à 40°, j'élève le flacon rempli de sang à 50 ctm de hauteur et j'ouvre le robinet. Aussitôt l'oreillette et le ventricule droits se dilatent, ainsi que l'artère pulmonaire dont la pression sanguine élève la colonne de Hg de 3 ctm ; en même temps, je fais pratiquer la respiration artificielle. Bientôt le sang s'écoule par les tubes communiquant avec les veines pulmonaires. Alors, je constate qu'en comprimant, au moment où ils sont dilatés, la surface de chaque poumon avec la face palmaire de chaque main, j'active l'écoulement sanguin qui se fait par les tubes précités, et qu'en même temps je fais refluer le sang dans l'artère pulmonaire qui se dilate et dont la pression s'élève à 8 ctm de Hg.

Je remarque aussi que, quand la compression a lieu lorsque les poumons sont revenus sur eux-mêmes, la pression du sang contenu dans l'artère pulmonaire ne s'élève qu'à 6 ctm de Hg. et que l'écoulement par les tubes est plus faible.

En continuant la circulation, les poumons se congestionnent, deviennent plus fermes, et il se forme des exsudations qui finissent par remplir les conduits aérifères d'écume bronchique.

Dans ces conditions, l'écoulement sanguin des tubes diminue et augmente peu par la pression des poumons, tandis que le remous qui se fait dans l'artère pulmonaire élève momentanément la pression jusqu'à une hauteur de 10 et même 12 ctm de Hg. Ceci s'explique en sachant qu'un liquide écumeux, circulant difficilement dans les bronches, s'oppose au retrait des poumons et transmet facilement, vu sa presqu'incompressibilité, la pression qu'ils subissent aux divisions de l'artère pulmonaire.

Cette expérience, que j'ai répétée plusieurs fois, montre comment se produit le remous sanguin dans l'artère pulmonaire. S'il en est ainsi lorsque la compression ne porte que sur une portion de la surface des poumons, il est facile de juger qu'elle doit produire des effets plus marqués, lorsqu'elle s'exerce sur toute l'étendue de leur surface, comme cela a lieu pendant la vie au moment d'un effort.

La même expérience explique la dilatation de cette artère chez les individus qui ont fait beaucoup d'efforts ou toussé fréquemment par suite de maladies des poumons ; de plus, elle apprend pourquoi il est si difficile de rétablir la circulation pulmonaire et de rappeler à la vie les individus dont les conduits bronchiques sont remplis d'écume.

ARTICLE VII

DE L'INFLUENCE DES QUALITÉS DU SANG ET DE SA COMPOSITION SUR SON POUVOIR EXCITO-MOTEUR CARDIAQUE.

§ 39. — *L'action excitante ou calmante du sang sur l'endocarde est subordonnée à sa température, à la nature des substances alimentaires ingérées et des liquides absorbés*

Je ne sache pas que ce sujet ait été soumis à une étude approfondie. Toutefois, il existe des faits démontrant que l'excitation causée sur l'endocarde par diverses qualités du sang a pour effet, tantôt d'accroître la fréquence et l'énergie des mouvements du cœur, tantôt de les ralentir et de les affaiblir. J'ai cité plus haut l'expérience de Dieffenbach qui parvint à ranimer les battements du cœur chez un animal hémorragié, en lui transfusant du sang pur, alors qu'il venait d'échouer avec du sérum.

L'influence la mieux démontrée est celle de la température. Il y a longtemps que les effets de la chaleur sur les contractions du cœur sont connues : « Elle ranime souvent, dit Sénac, le cœur engourdi par le froid ; elle le remet en mouvement lorsque le froid y a éteint le principe de vie, et qu'il a même été séparé du reste du corps (1). »

Dans ses expériences, Calliburcès, ainsi que je l'ai dit plus haut, a porté les battements d'un cœur de grenouille de 18 à 94 par minute en le plongeant dans de l'eau à 40°.

Tout le monde sait qu'il suffit de prendre un potage chaud pour accélérer le pouls, tandis qu'il se ralentit par l'ingestion de l'eau froide.

Dans la fièvre, on ne peut méconnaître qu'outre l'abaissement de la pression artérielle par la dilatation des artérioles,

(1) Sénac loc. cit. t. 1. p. 322.

la température du sang concourt à la fréquence des battements du cœur.

Lorsque cette température s'élève à 45°, l'action du sang sur ce viscère serait même funeste, en paralysant, d'après Cl. Bernard, les fibres du myocarde.

Il suffit de prendre des vins capiteux ou de l'eau-de-vie pour constater une accélération du pouls après deux ou trois minutes (1).

Le champagne accélère aussi les mouvements du cœur. Ce qui tend à prouver qu'il agit par excitation directe sur cet organe, c'est que, le lendemain, il arrive souvent à ceux qui en ont fait usage, d'éprouver une pénible et douloureuse sensation de poids au niveau de la région précordiale avec battements de cœur également douloureux.

Parmi les médicaments qualifiés de *Cordiaux,* je pense qu'il en est beaucoup qui, mêlés au sang, accroissent la fréquence et la force des mouvements du cœur, par leur action stimulante sur l'endocarde.

D'ailleurs, on ne comprendrait pourquoi, parmi les diverses substances en dissolution dans le sang, quelques-unes ne joueraient pas un rôle excito-moteur cardiaque, alors que tous les jours on est témoin de l'action excito-motrice, que nombre de matières ingérées exercent sur les parois du tube digestif.

Quand il s'agit de modérer l'activité cardiaque, les médecins font prendre des boissons douces, acidulées, froides, qui ont pour effet d'affaiblir l'action excito-motrice du sang sur le cœur.

§ 40. — *De l'action sur l'endocarde de certaines substances tenues en dissolution dans le sang. — Systoliens et diastoliens cardiaques.*

J'entends désigner, par systoliens cardiaques, les agents qui ont pour effets d'irriter vivement l'endocarde et, par suite de

(1) Burdach, loc. cit., T VII, p. 56.

cette irritation, de ranimer les battements du cœur qui s'éteignent, de donner plus de fréquence ou d'énergie à ceux qui s'épuisent, et de s'opposer parfois aux effets paralytiques des diastoliens.

Parmi les systoliens cardiaques, je citerai le thé, la teinture de cantharides, de colchique, l'essence de moutarde, le sulfate d'atropine, l'électricité, la delphinine, etc.

Par diastoliens cardiaques, je désigne les moyens ou agents qui, par leur action paralysante sur l'endocarde, abolissent l'action excito-motrice du sang sur le cœur et le maintiennent en diastole. C'est ainsi qu'agissent la faradisation des vagues, l'injection de l'eau glacée ou d'une solution de cocaïne dans les ventricules. Pour donner au lecteur une idée plus étendue de l'action de ces agents, je le renvoie à mes expériences sur les injections intra-ventriculaires.

Il est de mode, dans l'interprétation des effets si divers et si opposés que bien des substances exercent sur l'activité cardiaque, de faire jouer un rôle prépondérant au système nerveux. Je ne nie pas que certaines substances n'agissent par son intermédiaire sur le cœur, mais, d'une *façon indirecte, en modifiant les conditions de ses recettes et de son débit.*

Quant à celles que je viens de signaler, c'est sur l'endocarde qu'elles portent leur action, soit en exaltant sa sensibilité, soit en la paralysant. Ma conviction est qu'il existe un grand nombre de ces substances à effets si opposés.

Mais ces recherches exigent un grand nombre d'expériences dont j'abandonne volontiers l'exécution aux physiologistes de profession.

ARTICLE VIII

LES MOUVEMENTS DU CŒUR SONT SUBORDONNÉS A SON EXCITABILITÉ

Jusqu'à présent je me suis occupé des excitants de l'activité cardiaque. Dans cet article, je vais parler de l'excitabilité de l'organe excité, c'est-à-dire de la propriété inhérente au cœur, d'entrer en contraction sous l'influence d'un excitant.

§ 41. — *De l'excitabilité de l'endocarde.*

L'endocarde est la membrane la plus excitable du cœur. C'est en agissant sur elle que l'excitant physiologique, le sang, entretient les mouvements du cœur. Ils cessent lorsqu'il fait défaut, renaissent avec lui, et se précipitent lorsqu'il arrive en abondance. C'est grâce à cette propriété transmise aux fibres musculaires du cœur que le myocarde se contracte.

Les mouvements du cœur sont subordonnés au degré d'excitabilité myocardienne. Celle-ci étant variable, il en résulte que ses mouvements le sont également : ils s'accélèrent quand cette membrane devient très excitable, se ralentissent quand son excitabilité diminue et s'arrêtent quand elle s'éteint.

Des causes nombreuses augmentent l'excitabilité de l'endocarde et le mettent, pour me servir du langage de Broussais, dans un *état d'irritation*. C'est d'abord l'endocardite; ce sont ensuite les agents irritants tels que l'alcool, les teintures de colchique, de cantharides, l'essence de moutarde, l'atropine, etc.

Dans ces cas, le cœur bat avec rapidité et énergie. Tous les médecins savent que ce qui frappe au début de l'endocardite, c'est la force et l'accélération des battements du cœur.

D'autres causes produisent des effets contraires en diminuant cette excitabilité et même en la paralysant. Je citerai encore l'endocardite, qui, lorsqu'elle est intense, ne tarde pas à causer le ralentissement et l'affaiblissement des contractions cardiaques, surtout par les processus inflammatoires qui envahissent cette membrane et en amortissent la sensibilité.

Le froid, la cocaïne sont aussi des agents qui paralysent l'endocarde et provoquent l'arrêt du cœur en diastole, comme le fait la faradisation des pneumogastriques.

L'excitabilité endocardienne, est due à la présence de nombreux éléments nerveux qui assurent à cette membrane une sensibilité consciente et inconsciente, ainsi que je l'exposerai plus bas.

Il arrive parfois qu'il y a conflit endocardien entre une cause irritante et une cause paralysante. Alors la victoire appartient, comme dans tous les conflits, à la cause la plus énergique. Ceci se passe, comme je le démontrerai à l'article pneumogastrique, toutes les fois que l'on excite ce nerf après avoir irrité vivement l'endocarde. L'on sait que sa faradisation arrête subitement le cœur en diastole. Mais, ce que l'on ignorait jusqu'à ce jour, c'est que cet arrêt est dû à la paralysie de la sensibilité endocardienne, provoquée par l'électrisation des vagues. Cela est tellement vrai que, si on exalte préalablement l'excitabilité de cette membrane par une injection intra-ventriculaire irritante, la faradisation de ces nerfs est impuissante à jouer un rôle paralysant et reste sans effet sur le cœur, qui continue ses mouvements par la raison que son endocarde conserve son excitabilité.

§ 42. — *De l'excitabilité du péricarde.*

Le péricarde est une membrane excitable. Lorsque le cœur est mis à nu, ses mouvements s'accélèrent, vraisemblablement en partie par l'action irritante de l'air sur le péricarde viscéral. Il suffit de le toucher légèrement, soit avec le doigt ou un stylet, ou de souffler dessus de l'air chaud ou d'y verser de l'eau chaude, pour provoquer l'accélération des battements du cœur, ou faire renaître ses contractions. Par contre l'influence du froid ralentit ses mouvements. Si mes souvenirs sont exacts, j'aurais lu quelque part que dans une expérience, Galien avait arrêté le cœur en versant de l'eau très froide dans le péricarde.

Toutefois, cette excitabilité est bien moins développée que celle de l'endocarde, et n'a pas sur le myocarde les mêmes effets moteurs.

Elle se développe et devient consciente dans la péricardite où il est fréquent de rencontrer, surtout dans les cas aigus, des douleurs internes siégeant dans les régions précordiale ou épigastrique. Outre les phénomènes communs aux inflammations aiguës des viscères, la péricardite s'accuse par une grande accélération du cœur. Cette suractivité fonctionnelle qui a pour cause l'irritation pathologique du péricarde, est suivie d'un affaiblissement, lorsque l'inflammation s'étend au myocarde. Cette sensibilité est due à des nerfs émanant du grand sympathique, des pneumogastriques, des phréniques et du récurrent droit.

§ 43. — *De l'excitabilité du myocarde.*

Le myocarde représente le tissu musculaire des parois des cavités cardiaques ; il en constitue la partie la plus importante comme volume et comme fonction. De tous les tissus musculaires, c'est le plus excitable de l'économie; c'est celui qui, par ses contractions, réagit le plus promptement et le plus vivement, contre les excitations artificielles ou physiologiques qu'il subit. Considérée dans les diverses cavités cardiaques, l'excitabilité est plus prononcée et dure plus longtemps dans les oreillettes que dans les ventricules. Il en est de même pour les parties des veines caves et pulmonaires avoisinant les oreillettes, à l'égard de celles-ci.

Cette propriété de contractilité, dont jouit la fibre musculaire du cœur au suprême degré, varie suivant l'âge : très manifeste dans le jeune âge, elle s'affaiblit dans la vieillesse. Elle varie surtout suivant sa nutrition. Comme pour tous les muscles, la contractilité du myocarde est soumise aux échanges nutritifs de ses éléments musculaires, et cette rénovation est elle-même liée à la richesse du sang circulant dans les parois du cœur et à la rapidité de sa circulation. Cette loi formulée par Brown-Séquard est facile à vérifier. Les mouvements du cœur, d'un individu affaibli par la maladie ou l'inanitié, sont plus faibles que ceux d'un sujet vigoureux. Si le premier meurt, on constate que son cœur est pâle et que son tissu musculaire est mou et flasque, tandis que si le second succombe accidentellement, on voit son myocarde rouge et ferme.

Il en est de même chez les animaux. Dans mes nombreuses expériences sur le cœur des lapins et des poulets, j'ai toujours remarqué que, quand l'animal était vigoureux et se débattait énergiquement, son cœur témoignait la même vigueur par sa couleur, et surtout par la fréquence et l'énergie de ses mouvements.

En ce qui concerne la rapidité de la circulation sur la réparation nutritive des muscles, la loi de Brown-Séquard est démontrée par la boiterie intermittente du cheval, liée à une oblitération des artères iliaques. Elle trouve pour le cœur son application dans les obstacles que la dilatation de l'oreillette droite oppose au déversement du sang veineux venant des parois cardiaques. *Ce fait que j'ai déjà signalé* (1), *ordinairement consécutif à un embarras de la circulation pulmonaire, constitue un des facteurs les plus importants de la pathologie cardiaque, d'autant plus grave qu'il fait partie d'un cercle de causes à effets.*

Comme corroboration de cette loi, j'ajouterai que l'arrêt de la circulation du sang dans les parois cardiaques est promptement suivi de l'arrêt des mouvements du cœur. C'est un fait observé par Chirac, par Erichsen, à la suite de la ligature des artères coronaires. Schiff a bien prouvé cet effet en montrant que la ligature de l'artère qui se rend au ventricule droit est suivie seulement de l'arrêt des contractions de ce ventricule, tandis qu'elles persistent dans le gauche.

On a aussi observé des cas de mort subite, dus à des embolies oblitérant les artères coronaires. Chez les animaux, l'injection dans ces vaisseaux d'un liquide chargé de poudre inerte ne tarde pas à produire les mêmes résultats.

L'excitabilité du myocarde s'affaiblit, diminue, et peut même devenir complètement insuffisante, sous l'effet de lésions pa-

(1) *Recherches sur l'activité de la diastole ventriculaire*, p. 63.

thologiques qui altèrent les propriétés de sa fibre musculaire. Ces lésions qui s'observent dans la myocardite aiguë, dans la myocardite chronique, consistent dans des dégénérescences granuleuse, vitreuse et granulo-grasseuse des faisceaux musculaires. D'autres fois ils s'atrophient sous l'influence de la cirrhose du cœur ou de son envahissement graisseux.

En dehors de ces lésions qui peuvent abolir définitivement l'excitabilité du myocarde, il est des circonstances où elle s'affaiblit sous l'action de causes qui dilatent les ventricules par la présence d'un excès de sang et lui imposent un surcroît de travail.

Ces cas, que l'on désigne sous les noms de *cœur forcé. d'asystolie*, s'expliquent par la diminution de son élasticité et de sa contractilité occasionnée par une trop grande distension et un excès de fatigue.

Tout muscle frais, fixé par un bout et supportant un poids attaché à l'extrémité libre, s'allonge et reprend, en vertu de son élasticité, sa longueur primitive lorsque le poids est enlevé. Mais, si l'on suspend des poids croissants, il arrive un moment où, son élasticité étant vaincue, il reste en partie allongé après l'enlèvement des poids.

Si un muscle, séparé avec le nerf qui l'anime d'un animal vivant, est fixé par une extrémité et soutient par l'autre un poids on constate qu'en électrisant le nerf, le muscle se contracte et soulève le poids en se raccourcissant. Mais si le poids augmente, alors il se raccourcit moins pendant le passage du courant et s'allonge davantage dans l'intervalle. Ainsi en est-il pour le cœur lorsqu'il a été forcé par des efforts répétés ou trop violents. Il est bien entendu que tout ceci est relatif et subordonné aux propriétés cardiaques individuelles.

Bien des substances auraient, d'après les physiologistes, la faculté d'exciter ou d'affaiblir la contractilité du myocarde et d'agir, par ces propriétés, sur les mouvements du cœur. On les a désignées sous le nom de poisons musculaires ou myoparalytiques. — Mes expériences, sur les irritants endocardiens neutralisant les effets paralytiques de la faradisation des vagues, me font demander si, dans l'étude des agents soi-disant myoparalytiques, on n'a pas attribué les phénomènes observés à une action sur la fibre musculaire cardiaque alors qu'elle ne serait due qu'à celle exercée sur l'endocarde?

Quoi qu'il en soit, je considère que l'étude des diverses substances modifiant le rythme des mouvements du cœur, doit d'abord être faite en se plaçant au double point de vue indiqué plus haut, c'est-à-dire en recherchant si elles exercent sur l'endocarde une action excitante ou paralysante, et par suite systolienne ou diastolienne sur le cœur.

§ 44 — *Du mécanisme de la contraction du myocarde par les excitations endocardiennes.*

Le mouvement du sang imprime au myocarde des excitations physiques qui ne sont pas sans influence sur ses contractions. Ainsi en est-il du choc impulsif que le sang reçoit des veines caves et pulmonaires, de la distension qu'il provoque dans les fibres musculaires des parois myocardiennes, de l'ébranlement causé dans les mêmes parois par ses remous contre les valvules sigmoïdes, et enfin de sa température.

Mais, de toutes les excitations, la plus efficace c'est l'impression du sang sur l'endocarde. Au début de la vie embryonnaire alors que le cœur n'est pas encore pourvu de nerfs, que l'endocarde est représenté par une mince couche de cellules recouvrant les parois charnues du cœur à l'état rudimentaire, l'action excitante du sang s'exerce directement sur les fibres musculaires de l'endocarde à l'état naissant. Il en est de même chez plusieurs invertébrés dont le cœur est dépourvu de nerfs et de cellules nerveuses.

Lorsque le développement du cœur est achevé, l'excitation sanguine s'exerce t-elle toujours, à travers l'endocarde, sur les fibres musculaires les plus internes du myocarde, et se communique-t-elle à l'ensemble des faisceaux par les anasto-

7

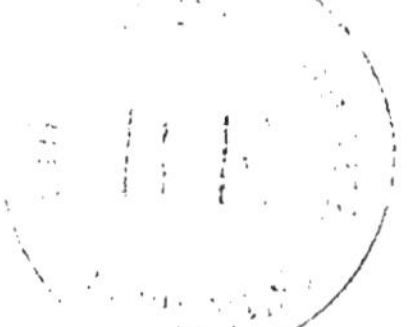

moses qui les retiennent entre eux ? Sans toutefois nier que les nerfs et ganglions intracardiaques puissent jouer un rôle dans les mouvements du cœur, je pense, surtout d'après mes expériences relatées plus bas, que l'excitation sanguine agit médiatement sur les fibres musculaires du cœur par l'intermédiaire de l'endocarde, et que cette action est favorisée par la disposition aréolaire anfractueuse de la face interne des parois ventriculaires.

§ 45. — *Réflexions sur la fréquence et la force des battements du cœur.*

D'après les faits que je viens d'exposer, il faut admettre que les mouvements du cœur sont régis par trois causes dont deux d'ordre hydraulique, et une d'ordre vital ; les deux premières constituent l'alimentation et le débit du cœur ; la troisième comprend son excitabilité et sa contractilité.

Celles qui se rapportent à l'alimentation et au débit excitent et provoquent les mouvements du cœur d'une façon qui n'est pas sans analogie avec celles que les courants d'air, les cours d'eau et les résistances exercent sur le fonctionnement des moulins à vent et à eau. Il est bien connu que la vitesse du vent accélère le mouvement des ailes d'un moulin de même que la vitesse d'un cours d'eau accélère aussi celui d'une roue hydraulique. Un effet contraire se produit si le vent est faible ou si le cours d'eau se ralentit. A vitesse constante l'effet accélérateur se manifeste s'il se produit une diminution dans les résistances que doit vaincre le mouvement communiqué aux appareils précités. Aussi, les industriels ont-ils recours à des régulateurs afin d'éviter les inégalités du mouvement et de le rendre uniforme.

Ainsi en est-il pour le cœur. Je viens de démontrer que quand le sang arrive rapidement et en quantité dans les cavités cardiaques, les mouvements du cœur s'accélèrent et deviennent plus énergiques.

Ils s'accélèrent également lorsque le débit est rendu facile par un abaissement de la pression artérielle. Ce fait, qui se manifeste à la suite d'une hémorragie ou de la dilatation des artérioles, est le plus souvent la conséquence d'une *alimentation insuffisante* du cœur gauche, de sorte qu'alors les battements augmentent de fréquence par une cause opposée à la précédente, mais ayant pour effet de diminuer le travail du cœur. Lorsque l'alimentation cardiaque tombe au-dessous d'un certain degré, les battements deviennent irréguliers, rares et le cœur finit par s'arrêter.

Si l'arrivée et la sortie du sang régissent les mouvements du cœur, c'est grâce à son irritabilité et à sa contractilité.

Depuis le moment où il apparaît chez l'embryon jusqu'à la mort, cet organe est mis en branle et entretenu dans une suite prodigieuse de mouvements par le sang, dont la présence dans les cavités cardiaques cause sur l'endocarde une excitation qui provoque instantanément la contraction brusque du myocarde. Par ce fait, il en résulte que la fréquence et l'énergie des mouvements du cœur dépendent aussi de son degré d'excitabilité et de contractilité.

CHAPITRE VI

LOIS HÉMODYNAMIQUES DE LA CIRCULATION RELATIVES A LA FRÉQUENCE ET A LA FORCE DES BATTEMENTS DU CŒUR, CONSIDÉRÉS CHEZ LES ANIMAUX A SANG CHAUD

Les modes d'alimentation et de débit des ventricules jouent un rôle tellement important, quoique peu apprécié, dans la fréquence et la force des battements du cœur que j'ai cru devoir formuler leurs effets dans les cinq lois suivantes.

Pour les besoins de leur démonstration je devrai m'appuyer sur des faits déjà signalés en partie plus haut. Toutefois, comme parmi eux plusieurs sont nouveaux ainsi que leur interprétation, je pense qu'il ne sera pas inutile d'y revenir afin de mieux les fixer dans l'esprit du lecteur.

Il est bien entendu que les rapports formulés dans ces lois ne doivent être considérés comme exacts que dans les cas où les autres conditions, qui concourent à la circulation du sang, restent les mêmes.

§ 46. — *Première loi : Le nombre des battements du cœur est en raison inverse de la longueur des canaux que le sang doit parcourir pour se rendre d'un cœur à l'autre.*

Les faits qui prouvent l'exactitude de cette loi sont nombreux. En les observant dans l'espèce humaine on constate chez le fœtus 140 à 150 pulsations par minute. Ce chiffre augmente lorsqu'il fait des mouvements.

D'après Magendie l'influence de l'âge — et par conséquent du développement — se traduirait sur les battements du cœur ainsi qu'il suit :

A la naissance	130	à	140	par minute
A un an	120	à	130	—
A deux ans	100	à	110	—
A trois ans	90	à	100	—
A sept ans	85	à	90	—
A quatorze ans	80	à	85	—
A l'âge adulte	75	à	80	—

Pour l'âge adulte la moyenne est en général de 72. Le chiffre de la vieillesse tantôt diminue, tantôt augmente en raison de causes où le développement n'a rien à voir.

La diminution du nombre des battements du cœur, au fur et à mesure que l'enfant grandit, est une conséquence de l'allongement de ses vaisseaux sanguins. La preuve qu'il en est bien ainsi c'est qu'une fois le développement achevé, le chiffre des battements cardiaques reste le même pendant la durée de l'âge adulte.

En faveur de la loi précitée je relaterai que chez l'adulte le nombre des pulsations cardiaques est en raison inverse de la taille des individus. C'est un fait sur lequel presque tous les observateurs sont d'accord.

Sénac a compté :

90 pulsations chez un nain de deux pieds de haut ;
80 — chez les hommes de quatre pieds ;
70 — chez les hommes de cinq pieds ;
60 — chez les hommes de six pieds.

Le même auteur a aussi observé que les cent suisses remarquables par leur haute stature, avaient le pouls rare.

L'homme, en général plus développé que la femme, a le pouls plus lent.

Si l'on jette un coup d'œil sur les animaux, les mammifères par exemple, on voit que le nombre des pulsations varie suivant les espèces, et qu'il est aussi en raison inverse de leur volume.

Ainsi, le muscardin, qui est le plus petit des rongeurs, a un cœur battant 175 fois par minute, tandis que celui de l'éléphant ne bat, d'après les observations de Colin ancien professeur de physiologie à l'Ecole d'Alfort, que 25 à 28 fois par minute.

Quelles différences aussi entre les cœurs du chat qui bat 110, du lapin 120, et ceux du cheval et du bœuf dont l'un ne bat que 38 et l'autre 36 !

J'ajouterai encore que chez les individus où le chemin conduisant le sang du cœur droit au cœur gauche, est raccourci par la persistance du trou de Botal, les battements du cœur sont toujours très fréquents.

Interprétation de la première loi.

Les causes qui font que les battements du cœur sont plus fréquents chez les petits animaux que chez les grands, chez l'enfant que chez l'adulte, chez les individus de petite taille que chez ceux de haute stature, ne sont pas difficiles à comprendre. Il faut pour cela partir de ce fait bien établi que le sang est l'excitant qui provoque les systoles cardiaques.

Ces systoles se répètent d'autant plus fréquemment que le sang arrive plus rapidement et en plus grande abondance dans les cavités du cœur.

Or, ces faits de vitesse et de quantité sont subordonnés à la longueur des canaux que le sang doit parcourir pour se rendre d'un ventricule à l'autre, et aux résistances qu'il rencontre. Plus le chemin est court, plus vite le sang arrive dans le ventricule qui le reçoit, et d'autant mieux que la somme des frottements qu'il doit subir est faible en raison de la brièveté du trajet. Plus vite il arrive, plus vite le cœur bat.

Pour mieux saisir ce rapport, il faut savoir que les deux cœurs s'alimentent réciproquement ; se rappeler qu'ils sont situés sur le cercle circulatoire ; que le cœur gauche envoie du sang au droit par la plus longue partie de ce cercle ou grande circulation ; que le cœur droit renvoie au gauche, par la plus courte partie ou petite circulation, celui qu'il a reçu. Par suite de cette disposition anatomique, on doit considérer les deux cœurs comme deux organes s'excitant, se fouettant réciproquement, avec d'autant plus d'intensité que la distance de leur action propulso-excitatrice est plus courte et plus facile à parcourir.

Les deux cœurs peuvent aussi être comparés à deux individus faisant le tour d'un cercle en courant et en s'efforçant de s'atteindre et de s'exciter par des coups de fouets. Il est évident que plus le trajet sera court, plus ils auront de chance de s'approcher et de se forcer à courir plus rapidement.

A l'appui des faits et des explications qui démontrent l'exactitude de la première loi relative à la fréquence des battements du cœur, je vais rapporter quelques expériences hydrauliques.

Expériences hydrauliques relatives à la première loi.

Je prends une poire en caoutchouc présentant à l'une de ses extrémités un tuyau par où se fait l'aspiration : par l'extrémité opposée un autre tuyau par où se fait l'écoulement du liquide aspiré. Ce tuyau présente une poche dilatable destinée à rendre continu l'écoulement du liquide. Dans ce tuyau je place le bout droit d'un tube en Y, et les branches dans deux tuyaux en caoutchouc, de la grosseur de ceux dits à biberon ; l'un mesure 2 m. 40 ctm. et l'autre 0,60 ctm. ; à l'une de leurs extrémités je place deux ajutages de mêmes dimensions, dont l'ouverture extérieure laisse passer à frottement doux une même épingle.

L'appareil étant ainsi disposé, je place le bout aspirateur dans un bassin rempli d'eau, je le fais fonctionner par des pressions rythmées exercées sur la poire en caoutchouc et observe les faits suivants :

1° Le jet de liquide qui sort des ajutages en saccades sous l'influence des pressions rythmées, est en retard d'une demi-seconde sur celui sortant par le long tube, ce qui s'accorde avec le retard que le pouls de l'artère pédieuse présente sur celui de la carotide ou de la radiale ;

2° Le liquide qui s'écoule par chaque tube, sous l'influence de 20 pressions rythmées, est reçu dans des vases séparés ; la quantité donnée par le court tuyau s'élève à 59 ctm. cubes, tandis que celle fournie par le long tube ne s'élève qu'à 47.

3° En plaçant les ajutages à la même hauteur et en élevant l'extrémité libre un peu au-dessus de l'horizontale, je constate que le jet sortant du court tuyau tombe à 2 m. 10 de l'ajutage, tandis que celui qui sort du long ne tombe qu'à 1 m. 50 ctm.

Dans un autre mode d'expérience, j'ai adapté le bout droit du tube en Y a un tuyau en caoutchouc muni d'un robinet d'arrêt, et communiquant avec un flacon pouvant être élevé à volonté au moyen d'une poulie. Le flacon rempli d'eau est élevé à la hauteur d'un mètre au-dessus de la table où repose les tuyaux et le robinet est ouvert. Le liquide sortant par chaque ajutage est recueilli dans des vases séparés. En trente secondes celui du court tuyau a fourni un débit de 29 ctm. cubes, tandis qu'il n'a été que de 20 cmt. pour celui du long tube dont la sortie a toujours eu une demi-seconde de retard.

En élevant le flacon à 1 m. 50 le débit du court tuyau est de 60 ctm cubes et celui du long de 47 ;

A 2 mètres, l'écoulement ayant duré 30 secondes, donne pour le court tuyau 79 ctm. cubes, pour le long 62.

Pour la pression de 2 mètres, les ajutages étant maintenus verticalement sur la table, celui du court tuyau donne un jet s'élevant à la hauteur d'un mètre et celui du long à la hauteur de 75 ctm.

Ces expériences montrent d'une façon évidente, qu'à impulsion égale, la quantité et la vitesse du liquide qui s'écoule des tuyaux et ajutages de même calibre est en raison inverse de la longueur des tuyaux, ce qui s'explique en réfléchissant qu'une courte colonne de liquide est plus facilement mise en mouvement qu'une longue, attendu que sa masse est plus faible, qu'elle a moins de frottements à subir et par conséquent de résistance à vaincre. On comprend, d'après cette loi, que chez un animal dont le sang n'a qu'un décimètre à parcourir pour aller d'un ventricule à l'autre, ses ventricules sont plus rapidement alimentés et plus fréquemment excités que chez ceux dont le trajet est de plusieurs mètres, et que par suite les battements du cœur doivent forcément être plus fréquents chez les premiers que chez les derniers.

Des faits et des explications qui précèdent, je pense être autorisé à conclure que la première loi est suffisamment démontrée.

Corollaire. — La fréquence des battements du cœur est en raison inverse de son volume.

Ce corollaire est une conséquence de la première loi. En effet, s'il est évident que la longueur des canaux sanguins est proportionnelle à la taille et au volume des individus, il ne l'est pas moins que celui du cœur est également proportionnel à la longueur du cercle circulatoire. Or, s'il est vrai que le nombre des battements du cœur est en raison inverse de cette disposition anatomique, il ne l'est pas moins, par voie de conséquence, que cette fréquence est aussi en raison inverse du volume du cœur. C'est d'ailleurs ce que l'observation démontre, même chez les individus dont la longueur du cercle circulatoire ne change pas. Il suffit que leur cœur devienne rapidement petit comme à la suite d'hémorragies, pour que ses battements se précipitent. Dans ces conditions, la capacité des cavités cardiaques se rapprochant de celles de l'enfance, il en résulte qu'elles sont remplies et vidées plus rapidement ; que par suite la durée d'une révolution cardiaque étant plus courte, il s'en produit un plus grand nombre dans une même durée.

§ 47. — *Deuxième loi.* — *La fréquence des battements du cœur est subordonnée au nombre des canaux que le sang doit parcourir. Elle augmente lorsque ce nombre diminue par une obstruction des longs canaux, qui force le sang à passer par les courts. Elle diminue lorsque l'obstruction siégeant dans les courts canaux, force le sang à passer par les longs.*

A. — Démonstration de la première partie de cette loi par la ligature ou la compression de l'aorte ventrale.

C'est un fait bien connu depuis longtemps que la ligature de l'aorte accélère les mouvements du cœur. A ce sujet, Sénac écrit : « On doit attendre des effets bien différents lorsqu'on lie l'aorte dans le ventre, le cœur se gonfle, devient plus rouge il prend même une couleur bleuâtre, son action devient même extrêmement vive, il envoye le sang avec impétuosité dans les parties supérieures, tout le corps de l'animal est dans une agitation extraordinaire, la respiration devient plus laborieuse (1).

Ludwig et Thiry déjà cités ont élevé la pression artérielle et la fréquence des battements du cœur en comprimant l'aorte au-dessus de sa bifurcation.

(1) Sénac. loc. cit, t. I, p. 318.

Dernièrement, chez une femme âgée de 75 ans et dont les battements aortiques étaient très sensibles à l'épigastre, je suis parvenu, en comprimant ce vaisseau, à élever le pouls dans la première minute de 72 à 84 pulsations, et à porter la limite de la crosse aortique à 4 ctm. de la ligne M. S., tandis qu'avant la compression elle n'était qu'à 2 ctm. 1/2. En cessant la compression, elle accusa une sensation de chaleur se répandant dans tout le ventre.

Je rappelle que j'ai rapporté plus haut, qu'en élevant en l'air les membres d'un individu couché, ou en comprimant ses fémorales, on augmentait la fréquence des battements du cœur. Le même fait doit exister chez les culs-de-jatte et se produire chez les amputés de la cuisse.

L'interprétation de ces faits est facile. Par la ligature ou la compression de l'aorte ventrale, on entrave complètement la circulation dans les plus longs vaisseaux de l'économie, et l'on force le sang à ne circuler que dans les plus courts.

Or, en raison de la première loi, le sang qui sort du cœur gauche arrive plus rapidement au cœur droit ; il y arrive aussi en plus grande abondance, non-seulement parce que le trajet est plus court, mais aussi parce que sa masse est localisée dans un ensemble de canaux restreints. Sous l'influence de ces deux causes le cœur droit est excité à battre plus fréquemment et par conséquent à alimenter plus rapidement le cœur gauche.

Cette alimentation rapide devient à son tour un excitant pour ce ventricule qui, d'abord, en rencontre un autre dans l'élévation de la tension artérielle l'obligeant à développer une puissance de contraction, qui augmente l'action irrito-compressive du sang contre l'endocarde.

B. — Démonstration de la seconde partie par la compression du cerveau.

Le cerveau est un organe qui reçoit de nombreux et gros vaisseaux artériels. Les carotides internes et vertébrales y portent une quantité de sang que, d'après les calculs de Haller, on a évalué environ au tiers de la masse totale. L'artère qui plonge dans le sang du sinus caverneux est très dilatable ainsi que les branches qui en naissent et dont les parois sont très minces.

Le sang, qui sort du cerveau, circule dans les veines situées à sa partie supérieure. Ces veines, légèrement comprimées à chaque mouvement d'élévation de la masse cérébrale, se dégorgent facilement dans celles qui conduisent le sang dans la grande veine jugulaire, dont le calibre est supérieur à celui des veines caves.

De ces dispositions anatomiques, il résulte que le cerveau reçoit beaucoup de sang qui revient d'autant plus rapidement au cœur droit, que le trajet parcouru est court et favorisé par l'action de la pesanteur.

Lorsque le cerveau est fortement comprimé soit à la suite d'un épanchement considérable de sang dans la cavité crânienne, d'une apoplexie séreuse ou d'une hydrocéphalie aiguë, soit à la suite d'une fracture du crâne avec enfoncement des fragments, ou du développement de tumeurs intra-crâniennes, ou encore par le fait du volume excessif que le cerveau acquiert comme dans l'empoisonnement saturnin, le pouls se ralentit considérablement. On l'a même vu, dans certains cas, descendre à 20 pulsations par minute. C'est un fait sur lequel tous les observateurs sont d'accord.

Quant à l'interprétation, ils y ont vu un effet du système nerveux trop souvent invoqué pour masquer notre ignorance.

Cependant, cette lenteur du pouls est un fait qui s'explique très bien par la compression cérébrale. Quand cette compression existe, elle porte sur tous les vaisseaux sanguins contenus dans le crâne et y arrête la circulation. La preuve qu'il en est bien ainsi, c'est que les carotides battent avec violence comme les grosses artères au-dessus d'une ligature, que l'individu est plongé dans le coma signe d'une anémie des couches corticales, qu'il est paralysé du mouvement et de la sensibilité, et que sa respiration est lente et stertoreuse par suite de la compression du bulbe. Dans ces conditions, le sang ne pouvant circuler qu'en *très faible* quantité dans le cerveau, est obligé de passer en presque totalité dans les membres et dans l'abdomen. Le trajet que la masse sanguine doit parcourir devient plus long pour presque sa totalité. La longueur de ce trajet est une cause de ralentissement dans l'arrivée du sang au cœur droit, cause à laquelle se joint celle occasionnée par les frottements plus considérables que la colonne sanguine éprouve contre les parois vasculaires en raison de l'élévation de la pression artérielle, et aussi celle qui résulte du passage dans le foie d'une plus grande quantité de sang.

A ces causes de ralentissement du pouls se joignent la résolution musculaire, et une hémospasie incomplète par suite de la faiblesse des mouvements respiratoires occasionnée par la compression du bulbe.

Que dans ces conditions, on vienne à faire cesser la compression soit en soulevant les fragments crâniens enfoncés dans le cerveau, soit en évacuant le liquide compresseur par la trépanation, aussitôt le pouls remonte.

Une autre preuve que la lenteur du pouls, est bien due à l'embarras de la circulation cérébrale par compression, c'est que dans les maladies inflammatoires du cerveau telles que la méningite simple ou tuberculeuse, le pouls est fréquent tout le temps que la circulation est libre et rapide par le fait de l'inflammation. Mais, lorsque sous cette dernière influence, il se produit un épanchement qui comprime les vaisseaux crâniens et cause le coma, on observe en même temps le ralentissement du pouls.

§ 48. — *Troisième loi : La fréquence des battements du cœur est en raison inverse des résistances que le sang éprouve pour circuler d'un ventricule à l'autre.*

Cette loi, qui est une variante de celle de Marey, se trouve liée aux précédentes en ce qui concerne la longueur des canaux dans lesquels le sang circule. En effet, il est évident que plus le trajet est long, plus les colonnes sanguines subissent de frottement et de resistances qui ralentissent leur marche. Mais, en dehors de cette disposition anatomique invariable, il est d'autres conditions,— celles-ci variables — qui influent sur la fréquence des battements du cœur, en diminuant ou en augmentant les résistances que le sang rencontre dans son mouvement circulatoire.

Ces résistances sont-elles faibles ? Le sang, circulant plus facilement et plus rapidement, arrive plus vite dans le ventricule qu'il doit alimenter et avec une force d'impulsion plus intense, d'où fréquence des systoles. Si au contraire les résistances augmentent, c'est le contraire qui se produit.

Les conditions circulatoires qui diminuent les résistances du sang sont : d'une part la diminution de la masse sanguine, d'autre part, la dilatation des vaisseaux surtout des petits.

A. — Diminution de la masse sanguine.

L'effet de la diminution de la masse sanguine sur la fréquence des battements du cœur est un phénomène qui s'observe facilement après les grandes hémorragies. Un ancien professeur à l'école de médecine vétérinaire de Stuttgard, a démontré en 1828, qu'en tirant à un cheval 16 livres de sang et 25 à un autre, on faisait monter rapidement leur pouls de 40 à 80 et 100 pulsations par minute. Hales a constaté les mêmes faits.

Depuis longtemps les cliniciens et les accoucheurs ont observé que le pouls s'accélère après des saignées copieuses ou des hémorragies abondantes.

C'est sur ces faits, où il y a abaissement de la pression artérielle, que s'est appuyé Marey pour établir sa loi : *la fréquence du pouls est en raison inverse de la tension artérielle.*

Dans ces cas il y a manifestation des deux conditions qui amoindrissent les résistances au cours du sang et accélèrent sa vitesse. D'abord, la masse du sang étant réduite subit plus facilement l'impulsion cardiaque d'où accélération de son mouvement ; de plus, la portion qui reste dans les vaisseaux, qui en contenaient un instant auparavant une quantité beaucoup plus considérable, y circule à l'aise comme si ces vaisseaux s'étaient dilatés. Il en résulte une diminution de frottements et de résistances qui favorise le mouvement du sang et se joint à la diminution de sa masse pour accroître sa vitesse ; ce qui cause l'alimentation rapide des ventricules et la fréquence de leurs battements.

Toutefois, il y a des limites à cette diminution. Si, par exemple, elle est portée au point de produire des solutions de continuité dans les colonnes sanguines situées dans les vaisseaux artériels, alors le pouls devient petit, irrégulier, se ralentit et finit par disparaître, à moins que l'on n'opère la transfusion.

La fréquence des battements du cœur acquiert son maximum immédiatement après les hémorragies. Peu à peu elle diminue non-seulement parce que l'absorption, plus active, contribue à réparer en partie les pertes, mais surtout parec que les vaisseaux se resserrent en vertu de cette loi organique que *le contenant se moule sur le contenu.*

En dehors des hémorragies, la quantité de sang contenue dans l'organisme peut diminuer soit par une alimentation insuffisante, par des digestions incomplètes ou par obstacles aux fonctions circulatoires et respiratoires, soit par des excès de diverses natures qui ont pour effet d'épuiser l'organisme.

Dans ces divers cas, les battements du cœur sont fréquents, et cette fréquence s'explique par les mêmes raisons invoquées ci-dessus.

B. — Dilatation des vaisseaux.

La dilatation des vaisseaux, surtout des artérioles, ouvre au sang artériel un passage facile pour se rendre dans les veines. Aussi toutes les causes, qui provoquent la dilation vasculaire générale, ont-elles pour effet d'accélérer la vitesse du sang ainsi que les battements du cœur. La chaleur est l'agent qui exerce le plus souvent cette action vaso-dilatatrice. C'est ce qui fait que le pouls est plus fréquent en été qu'en hiver, dans les pays chauds que dans les froids, dans les milieux à température élevée que dans ceux où elle est froide : qu'il s'accélère à la suite de la respiration d'un air chaud ou après l'ingestion de boissons chaudes, tandis qu'il se ralentit sous l'action de l'air froid inspiré ou de boissons froides ; qu'il est si rapide dans la fièvre, etc.

Cette fréquence des battements du cœur s'observe encore dans les maladies ou sous l'influence de médicaments qui ont pour effet de dilater les petits vaisseaux comme dans le goître exophtalmique ou après l'usage du Jaborandi, ou la respiration du nitrite d'amyle.

Cette dilatation des artères et principalement des artérioles, diminue considérablement les résistances éprouvées par le sang dans son mouvement circulatoire, et lui permet de passer facilement dans les veines sous l'impulsion cardiaque.

Dans l'état ordinaire, cette impulsion affirmée par Harvey, niée par Bordeu et Bichat, s'exerce sur le cours du sang veineux. C'est la *vis à tergo* dont l'existence a été démontrée par Magendie en mettant à nu l'artère et la veine principale d'un membre et en ouvrant la veine. Alors, il vit qu'en comprimant médiocrement l'artère l'écoulement du sang veineux diminuait ; en la comprimant davantage l'écoulement devenait plus faible et s'arrêtait complètement si la compression de l'artère était portée au point d'y interrompre la circulation. Le sang veineux recommençait à couler aussitôt que Magendie cessait la compression.

Lorsque les artérioles sont dilatées, l'impulsion cardiaque se fait sentir sur la marche du sang veineux au point qu'il sort par saccades d'une veine ouverte.

De ce qui précède il est facile de saisir comment la dilatation des petits vaisseaux aplanit la résistance au cours du sang, favorise son arrivée rapide dans le ventricule où il se dirige et accélère ses battements.

C. — Contraction des vaisseaux.

Lorsque les artérioles se resserrent, par exemple, sous l'influence du froid, les battements du cœur se ralentissent. Le pouls est plus lent en hiver qu'en été. D'après Bérard (1), des expériences faites en Islande ont montré que tel individu, qui avait 70 pulsations au mois de septembre, n'en avait plus que 65 pendant le mois d'octobre, et 60 seulement pendant les mois de novembre et décembre.

Il est aussi plus lent dans les pays froids que dans les régions équatoriales. Selon Blumembach, il ne bat que 40 fois par minute chez les Groënlandais.

Déjà, en 1752, Bryan-Robinson avait dit, non sans raison, que le *pouls suivait les variations du thermomètre.*

Quand la contraction des artérioles se manifeste à la suite de l'usage des agents vaso-moteurs, le même effet modérateur se produit sur les mouvements du cœur. C'est ainsi qu'agissent les diverses substances employées dans les fièvres sous les noms d'antithermique, d'antifébrile, etc.

L'influence de la contraction des artérioles sur le ralentissement des battements du cœur est encore un fait facile à comprendre, attendu que cette contraction a pour effet de diminuer beaucoup le diamètre des nombreux canaux servant de passage au sang, d'augmenter ses frottements, de ralentir sa vitesse et par suite son entrée dans le ventricule vers lequel il se dirige ; d'où systoles plus rares.

Ce ralentissement est loin d'être un fait compris par tous les physiologistes ; et, ce n'est pas sans étonnement que je lis dans Mosso ; « La vie est d'autant plus active que la circulation du sang est plus rapide, et le mouvement du sang s'accélère par suite de la contraction des vaisseaux sanguins. Il se passe dans notre appareil circulatoire ce que nous voyons dans le

(1 Cours de physiologie. 31° livraison. p. 107.

cours d'un fleuve où le courant devient plus rapide dans les points où le lit est plus resserré (1) ».

Une semblable assertion constitue une grosse erreur physiologique qu'il est, ce me semble, inutile de relever autrement.

REMARQUE. — Tout en signalant l'influence du resserrement des artérioles sur le ralentissement des battements du cœur, il y a lieu de faire remarquer que ce fait est passible d'objections qu'il importe de réfuter immédiatement. L'on peut soutenir, avec raison, que sous l'influence d'un froid brusque, de la peur, ou de toute autre cause provoquant une contraction prompte et énergique des petits vaisseaux, les battements du cœur deviennent aussitôt plus forts et plus rapides; puis continuent tout en perdant leur énergie à conserver leur rapidité. Ceci est exact, mais n'entame pas la réalité de la troisième loi. En effet, il est certain que sous l'action d'une contraction brusque des petits vaisseaux, ou même d'un organe très vasculaire, comme l'estomac, la rate, etc., les battements du cœur deviennent plus forts et plus fréquents ; mais ce fait, dû à l'excitation cardiaque provoquée par le *remous* du sang contre les valvules sigmoïdes et dans le mésocarde, ne peut en rien diminuer l'exactitude de le troisième loi, attendu qu'il est la conséquence d'un mode différent de manifestation causale ; ce qui prouve bien qu'en science tout est relatif.

Quant à la rapidité des battements du cœur dans les cas où y a contraction énergique des petits vaisseaux telle que dans l'algidité de divers états morbides, c'est un fait qui s'explique par l'embarras de la petite circulation occasionnée par la contraction des vaisseaux du poumon, et par l'abaissement considérable de la pression artérielle qui en est immédiatement la conséquence. D'ailleurs, je reviendrai sur l'interprétation de ces faits.

(1) La peur, par A. Mosso, prof. à l'Univers. de Turin, page 73, Paris, 1886.

§ 49. — *Quatrième loi : Les battements du cœur sont d'autant plus fréquents que, outre l'impulsion ventriculaire, le sang rencontre sur son parcours plus de causes qui accélèrent son mouvement vers le ventricule où il se dirige.*

Dans le cours de cette étude j'ai déjà fait remarquer que le cœur, tout en étant le principal moteur du sang, n'est pas la seule force qui lui imprime le mouvement.

Son action est secondée par une série d'autres causes qui contribuent, quand elles entrent en action, à accélérer la marche du sang et à augmenter la fréquence des battements du cœur. J'ai rappelé plus haut que l'action musculaire exerce une influence marquée sur le nombre de ces battements. C'est ce que l'on observe dans la marche, la course, la natation, la danse, les cris, les convulsions, etc. Bryan-Robinson, ayant observé le pouls d'un homme, constata 64 pulsations par minute quand il était couché, 78 après une marche lente, 100 après une marche d'une lieue et demie à l'heure, et 150 et même plus après une course violente. A cet égard, on peut affirmer, d'une manière générale, que plus les contractions sont énergiques et s'étendent à plus grand nombre de muscles, plus la vitesse du sang est accélérée, et plus les systoles cardiaques sont fréquentes.

Les contractions de quelques viscères exercent, ainsi que je l'ai dit plus haut, une action analogue et d'autant plus importante que leur vascularisation est plus grande. Je citerai encore celles de l'estomac, de la rate et de l'utérus dont les réactions contre le cœur, créent des luttes que j'étudierai plus tard, sous les noms de conflits de *gastro*, *spléno* et *utéro-cardiaques*.

Les causes que je viens d'indiquer agissent sur la grande circulation. Leur mécanisme s'explique par un double effet : le premier seconde l'action du cœur gauche en accélérant le cours du sang vers le ventricule droit, et provoque, par le fait d'une alimentation rapide, des contractions fréquentes.

Le second exerce une action opposée en interrompant momentanément, dans certaines régions, la circulation artérielle, et en imprimant au sang rouge un remous, vers le cœur gauche, qui cause la dilatation de la crosse de l'aorte, et agit immédiatement sur l'endocarde dont l'irritation devenue plus vive précipite les contractions du ventricule gauche.

Il en est d'autres qui agissent principalement sur la petite circulation. Ce sont les mouvements de dilatation et de resserrement des poumons. Plus ils sont fréquents et énergiques, plus la circulation pulmonaire s'accélère par suite de l'action hémospasique que la dilatation exerce sur le sang veineux, et de celle hémopulsive que le resserrement provoque sur le sang artérialisé qui se dirige vers le cœur gauche (1).

§ 50. — *Cinquième loi : La circulation pulmonaire commande les battements du cœur. Tout phénomène qui précipite ou ralentit sa vitesse, accélère la fréquence des battements des deux cœurs par des modes d'actions différents et changeants.*

Les rapports formulés dans cette loi ne s'imposent pas à l'esprit par leur évidence ; aussi, ont-ils besoin d'être interprétés. Avant de les étudier, il est bon de rappeler l'importance de la circulation pulmonaire. On a calculé que la surface, occupée par le sang dans le champ respiratoire représenté par l'ensemble des alvéoles, s'élève à 75 mètres carrés. L'épaisseur des capillaires étant celle d'un globule sanguin, on a 75 × 0 m. 007, c'est-à-dire plus d'un demi litre de sang étalé à la surface du champ respiratoire en couche très mince. Comme ce sang est toujours en mouvement, on est arrivé, par le calcul, à savoir que dans les poumons d'un adulte, il passe, en 24 heures plus de 200 hectolitres de sang ;

En une heure plus de 884 litres ;

En une minute plus de 14 litres ;

(1) Voir mon ouvrage sur les lois de la circulation pulmonaire, etc. p. 129 et suiv.

Ces chiffres correspondent à ceux qui ont été donnés pour une ondée ventriculaire. Les physiologistes enseignent qu'à chaque systole,les ventricules chassent environ 180 centilitres de sang ; or, en admettant que le cœur se contracte 75 fois par minute, on arrive à près de 14 litres pour cette durée. Quatorze litres de sang traversent les poumons d'un adulte en une minute, cela constitue un chiffre qu'il importe de ne pas oublier, et fait un volume considérable qui montre l'importance des embarras de la circulation pulmonaire et les conséquences souvent redoutables qui en résultent pour le fonctionnement des deux cœurs ainsi que pour la grande circulation.

Lorsque les deux circulations s'exécutent normalement, chaque cœur lance à son congénère une ondée sanguine égale à celle qu'il lui a envoyée. Si les artérioles des deux systèmes circulatoires sont modérément contractées ou se dilatent, la circulation se ralentit ou s'accélère sans que les deux cœurs, qui s'associent par la lenteur ou la fréquence de leurs mouvements à la marche du sang, soient troublés dans l'harmonie de leur travail. Il en est tout autrement quand la circulation pulmonaire rencontre des obstacles. Parmi les causes qui l'entravent, je citerai d'abord la compression des capillaires du champ respiratoire, la contraction du poumon et de ses artérioles. Ces causes produisent successivement deux effets contraires : le premier, par suite de la compression des vaisseaux pulmonaires ou de leur contraction, consiste dans une accélération du cours du sang vers le cœur gauche, et s'accuse par la dilatation de l'O. G., du V. G., de la crosse de l'aorte et par la fréquence des battements du cœur. En même temps il se produit par l'action des mêmes causes un remous du sang vers les valvules sigmoïdes du V. D., fait qui se montre par la dilatation de l'O et du V. D., par la fréquence et l'intensité de ses battements.

Pour peu que la compression ou la contraction des vaisseaux pulmonaires continuent, l'accélération fait place rapidement à un tel ralentissement de la circulation pulmonaire que l'alimentation du cœur gauche devient insuffisante, et le débit du cœur droit difficile et incomplet. Alors la fréquence des battements du cœur augmente encore, mais pour des causes qui ne sont pas les mêmes en ce qui concerne le gauche. Ce dernier, par suite de l'obstacle à la circulation pulmonaire, ne peut lancer dans les artères que le peu de sang qu'il reçoit, de sorte que la pression artérielle baisse rapidement. Alors, ce système vasculaire se trouve dans les conditions de circulation d'un animal hémorragié ; c'est ce qui fait que le ventricule gauche bat rapidement.

Les contractions du droit sont également fréquentes, mais par l'effet d'une autre cause : l'embarras de la circulation pulmonaire augmente la pression sanguine dans cette artère et dans les cavités droites ; cet excès de pression cause sur l'endocarde une excitation plus vive qui devient pour le cœur droit un aiguillon le forçant à se contracter avec énergie et rapidité.

Lorsque la compression ou les contractions des petits vaisseaux pulmonaires sont poussées à un degré tel que la circulation est complètement interrompue, la fréquence des battements du cœur fait place rapidement aux inégalités, aux intermittences et à l'arrêt des mouvements de ce viscère. Je rappelle que c'est ce que l'on observe chez les animaux dont la pression de l'air expiré est supérieure de 4 ctm. de Hg à celle de l'air ambiant ou chez les scaphandriers ; c'est aussi ce qui a lieu dans les syncopes consécutives aux contractions des poumons et de leurs vaisseaux, provoquées par la douleur ou par des émotions morales, et dans certaines angines de poitrine.

Quand la compression ou les contractions précipitées cessent après une certaine durée, on continue d'observer, par suite d'autres causes, la fréquence des battements du cœur, avec échange d'intensité entre les deux cœurs. Ceci s'explique en sachant que, pendant la compression ou la contraction des vaisseaux pulmonaires, le système artériel se vide tandis que le sang s'accumule dans le système veineux. Aussitôt que les portes des écluses cardiaques — vaisseaux pulmonaires — s'ouvrent, le sang arrive à flots dans le cœur gauche. Celui-ci, excité par ce liquide et par son impulsion, se contracte avec énergie et avec d'autant plus de facilités que la pression artérielle est faible ou nulle, d'où il résulte des battements forts et rapides du cœur gauche. Le droit, qui se dilate et tombe en asystolie lorsque la dilatation se prolonge, trouvant les voies pulmonaires libres, se vide avec moins de difficultés, revient sur lui-même et reprend de l'énergie; ce qui fait que ses battements restent accélérés jusqu'à ce que l'équilibre circulatoire soit rétabli.

La compression des vaisseaux pulmonaires, principalement des capillaires du champ respiratoire, est un phénomène qui se produit dans tout effort, notamment dans ceux que l'on fait pour fournir une course prolongée. Pendant la course, le système artériel s'hyphémie et le système veineux s'hyperhémie ; le cœur droit bat rapidement et énergiquement parce qu'il est gorgé de sang ; le gauche bat aussi rapidement comme chez un hémorragié, mais faiblement parce qu'il reçoit peu de sang. Après la course, c'est le contraire qui a lieu par suite de l'afflux d'une grande quantité de sang dans le cœur gauche.

La contraction des mêmes vaisseaux et des poumons avec accélération des battements du cœur, sont d'autres phénomènes que l'on provoque facilement en causant une émotion morale. En voici un exemple :

OBSERVATION XI

Le nommé P., 31 ans, très impressionnable, tousse depuis longtemps et maigrit. Le sommet gauche est atélectasié. Il vient me voir pour la seconde fois, le 25 octobre 1896 et accuse du mieux. La limite du poumon gauche passe en P, celle de l'aorte en A, et de l'O. D. en O; le pouls donne 110. Je lui applique

Pl: XIII

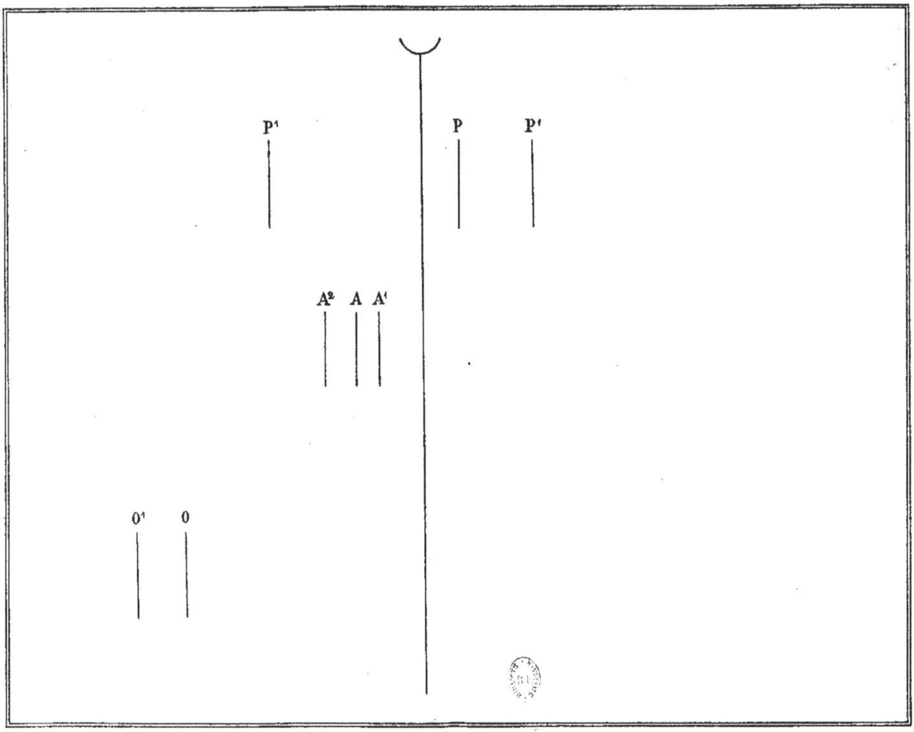

P[1] P P'

A[2] A A'

O' O

une ventouse au sommet gauche, et l'interroge sur sa sensibilité. Il me répond qu'il est très impressionnable et qu'il éprouve une vive émotion en entrant chez moi. Je le rassure et fait tomber le pouls à 102.

Alors, je lui dis qu'il a probablement un anévrisme de l'aorte. Aussitôt sa respiration se précipite et devient gênée avec sensation d'un poids présternal; les poumons se contractent et se retirent en P^1 P^1, l'aorte en A^1 et l'O D s'éloigne en O^1; le sujet est pâle, il accuse des troubles de la vue et des bourdonnements d'oreilles, son pouls est petit et se ralentit. Je le fais coucher à plat; bientôt il se ranime, se relève et accuse une respiration plus facile. A ce moment le pouls s'élève à 132, l'O. D. diminue, l'aorte passe en A^2, et les poumons se touchent. *Voir PL. XIII.*

L'embarras de la circulation pulmonaire est souvent causé par d'autres causes tels que les obstacles aux libres mouvements diasto-systoliques des poumons, les diverses maladies dont il est souvent le siège, les embolies, l'entrée de l'air dans les veines, etc., etc.

Dans tous ces cas dont les conséquences, au point de vue de la durée de vie et des troubles cardiaques, sont extrêmement variables suivant l'étendue, le degré et la durée de l'embarras circulatoire, il y a toujours accélération des battements du cœur par suite des changements que cet embarras apporte dans l'alimentation et le débit des deux ventricules.

Par cet exposé, il est facile de comprendre comment, dans la *cinquième loi*, la fréquence des battements du cœur est subordonnée, tantôt à la vitesse, tantôt au ralentissement de la circulation pulmonaire, et comment ces deux causes agissent souvent successivement sur l'un et l'autre cœur.

CHAPITRE VII

DES CONNEXIONS ANATOMIQUES DU CŒUR AVEC LE SYSTÈME NERVEUX. CES CONNEXIONS IMPLIQUENT, ENTRE CES APPAREILS, DES RELATIONS PHYSIOLOGIQUES. RAPPORTS DE SENSIBILITÉ

§ 51. — *Des nerfs cardiaques.*

Le cœur reçoit des nerfs ; seulement, ainsi que l'a fait remarquer Vésale et bien d'autres anatomistes, le nombre et le volume de ces nerfs ne sont pas en rapport avec le volume et l'énergie du tissu musculaire de ce viscère. Avant Haller, Chirac et son disciple Gastaldy ayant observé que la section sur un chien vivant, du nerf intercostal et de la paire vague, n'arrêtait pas les battements du cœur en avait conclu que la force de ce viscère est indépendante de l'influence des nerfs (1).

Haller, tout en cherchant à prouver que les mouvements du cœur sont indépendants de la puissance nerveuse, n'a jamais réfuté les objections qu'on lui faisait à propos de la présence des nerfs cardiaques, et des effets si sensibles que les passions exercent sur le cœur.

En 1792, des partisans de Haller, Sœmmering et Behrends (2), défendirent sa doctrine en soutenant que tous les rameaux du plexus cardiaque se rendent aux vaisseaux du cœur et non à la fibre musculaire. Cette opinion fut combattue par Scarpa qui publia à Pavie, en 1794, un travail très remarquable sur les nerfs du cœur.

Aujourd'hui, il n'est plus question de mettre en doute l'existence des nerfs cardiaques, qui d'ailleurs n'a jamais été niée ; il s'agit d'en préciser le rôle.

(1) Sprengel loc. cit., t. IV, p. 160.
(2) id. VI, p. 215.

Les nerfs cardiaques, émergeant du grand sympathique et du pneumogastrique, se rendent dans le plexus cardiaque. Depuis Scarpa, on admet que le grand sympathique fournit de chaque côté trois nerfs cardiaques : le *nerf cardiaque supérieur* ou superficiel qui sort du ganglion cervical supérieur ; le *nerf cardiaque moyen* ou *grand nerf cardiaque* qui émerge du ganglion cervical moyen ; et le *nerf cardiaque inférieur* ou *petit nerf cardiaque* du ganglion cervical inférieur. D'après Sappey, un ou plusieurs filets naissent du premier ganglion thoracique et vont se perdre dans le plexus cardiaque et sur les parois des bronches. Le pneumogastrique, ou vagospinal, fournit supérieurement les *cardiaques cervicaux*, rameaux qui naissent du nerf vague entre les deux nerfs laryngés ; souvent un rameau naît du laryngé supérieur. Dans la poitrine plusieurs rameaux, appelés *cardiaques inférieurs ou thoraciques*, émergent en nombre variable du nerf vague.

Toutefois, il importe de faire remarquer, avec Cruveilhier, qu'aucune partie du système nerveux ne présente autant de variétés anatomiques de nombre, de volume et d'origine que les nerfs cardiaques.

Tous ces nerfs convergent vers le *plexus cardiaque* en se fusionnant, et en prenant des voies différentes suivant le côté de la poitrine où ils sont situés.

Le *plexus cardiaque* siège dans la concavité de la crosse aortique, au-dessus de la branche droite de l'artère pulmonaire, en avant de la bifurcation de la trachée et à droite du cordon du canal artériel. On observe au milieu de ce plexus un ganglion grisâtre, gros comme une lentille, découvert par Wrisberg, mais dont l'existence n'est pas constante.

De ce plexus partent de nombreux rameaux dont les uns s'anastomosent avec le plexus pulmonaire des pneumogastriques : d'autres se distribuent dans les parois de l'artère pulmonaire, de la crosse de l'aorte et même de l'aorte descendante. Les plus nombreux forment les plexus *cardiaque antérieur ou coronaire gauche*, et *cardiaque postérieur ou coro-*

naire droit. Ils sont formés de filets nerveux qui accompagnent l'artère coronaire correspondante, se subdivisent et se distribuent comme elle dans les parois des oreillettes et des ventricules.

Il existe aussi dans la substance musculaire du cœur des petits ganglions nerveux dont l'un, *ganglion de Remack*, est situé à l'embouchure des sinus de la veine cave inférieure ; le deuxième, ganglion de Bidder, se trouve près de la valvule auriculo-ventriculaire gauche ; et le troisième, *ganglion de Ludwig*, dans la cloison interauriculaire.

§ 52. — *Les nerfs du cœur établissent des relations de sensibilité consciente entre cet organe et le cerveau, et inconsciente avec les petits centres ou ganglions cardiaques.*

Émettre cette proposition, c'est affirmer que le cœur est sensible et c'est aussi — ce que je n'hésite pas à faire — s'élever contre l'opinion des physiologistes qui soutiennent l'insensibilité du cœur. Cette opinion fausse repose sur des faits d'expériences et d'observations. Les expériences sur les animaux ont montré que l'on peut toucher, piquer leur cœur sans qu'ils manifestent de la douleur. Les ectopies cardiaques, entre autres celles de Galien sur le fils de Maryllas et d'Harvey sur le comte de Montgommery, ont appris que le cœur n'est pas sensible au toucher.

Dans les divers cas d'ectopies cardiaques, les observateurs ont constaté qu'en touchant le cœur, ses battements s'accéléraient et que les sujets éprouvaient des défaillances.

Rien que ces faits prouvent que le cœur jouit d'une sensibilité inconsciente qui excite ses contractions au point que, dans ces cas, la diastole a une durée trop courte pour que le cœur puisse s'alimenter suffisamment, d'où lipothymies.

C'est en se basant sur ces faits d'insensibilité consciente apparente que les physiologistes soutiennent l'insensibilité du cœur, de même qu'ils admettent aussi l'insensibilité de la rate parce qu'Assolant rapporte qu'il a vu un chien manger la sienne. Ces conclusions ne sont pas fondées.

Sans entrer dans l'examen des conditions d'observation ou d'expérimentation qui modifient la sensibilité d'un organe, je ferai remarquer qu'il y a une manière de les interroger ; et que les réponses négatives ou positives sont subordonnées au mode d'interrogation.

Une règle dont on ne doit pas se départir dans ces sortes de recherches, c'est d'agir sur l'organe, dont on veut connaître la sensibilité, en l'excitant conformément à ses fonctions, c'est-à-dire que l'excitation doit avoir pour effet d'en exagérer le fonctionnement.

L'importance de cette condition appert d'une façon évidente à propos des muscles et surtout des organes creux. Les physiologistes prétendent que la sensibilité générale est peu développée dans les muscles parce que, chez les animaux, on peut les irriter mécaniquement ou chimiquement, sans causer de douleurs bien appréciables. Longet soutient que cette insensiblité s'observe aussi bien sur les muscles de la vie organique que sur ceux de la vie animale. Il cite à l'appui de sa thèse les expériences négatives de Harvey et de Haller sur le cœur, et celles de Bichat sur la tunique musculeuse de la vessie.

Malgré tout le respect que je professe pour ces grands physiologistes, je n'hésite pas à dire qu'ils se sont trompés; et j'ajoute qu'il est regrettable de voir de pareilles assertions continuer à figurer dans la science physiologique, sur la foi de quelques expériences, alors que l'inanité en est démontrée journellement par des observations vulgaires. En effet, que faut-il pour mettre en évidence la sensibilité d'un muscle ? le raccourcir ou l'allonger dans des proportions qui dépassent la normale. Je prends comme exemple, la crampe des muscles du mollet. Est-il beaucoup de douleurs comparables, comme intensité, à celles que fait éprouver une contraction violente de ces muscles ? Aussi, je me demande comment serait reçue par celui qui les éprouve, l'affirmation négative d'un physiologiste ?

De même, est-ce que l'élongation musculaire provoquée par la réduction d'une luxation, d'une fracture, ou par le redressement d'un membre, ne produit pas des douleurs vives dans les muscles ?

Quel est le chirurgien qui ignore la vive douleur occasionnée par une rupture musculaire ou par l'allongement d'un muscle contracturé par inflammation ou action réflexe ?

Il en est de même des muscles de la vie organique. Quel est le médecin qui n'a pas été témoin des douleurs internes provoquées par une distension alimentaire ou gazeuse de l'estomac, ou par les contractions de ce viscère ? J'en dirai autant de la vessie, des intestins, de l'utérus, etc.

En présence de ces faits, il faut laisser les affirmations des physiologistes tomber dans un oubli mérité et s'en rapporter à la clinique.

Je reviens au cœur et soutiens sa sensibilité.

§ 53. — *Sensibilité consciente du myocarde, de l'endocarde et du péricarde.*

D'abord, en ce qui concerne l'endocarde, on ne s'expliquerait comment cette membrane, tapissant une portion du cercle circulatoire et ayant une structure analogue à la membrane interne des vaisseaux, serait insensible alors que cette dernière est sensible. Pour s'en assurer il suffit de comprimer une artère pendant quelque temps, et de cesser brusquement la compression. Aussitôt le sujet accuse une sensation de chaleur se répandant dans la portion et les divisions de l'artère situées au-dessous du point comprimé.

La membrane interne des veines est également sensible. Denis rapporte qu'Emmerez, pratiquant la transfusion sur un jeune homme de quinze ans, celui-ci n'accusa pendant l'opération qu'une grande chaleur partant de l'ouverture de la veine.

se continuant jusque sous l'aisselle, chaleur due manifestement à l'injection du sang artériel. La même opération pratiquée sur un homme de quarante-cinq ans provoqua la même sensation (1).

Ce qui prouve la sensibilité du myocarde c'est d'abord cette sensation pénible et douloureuse de poids et de dilatation que ressentent, au niveau des régions précordiale et supéro-épigastrique, les personnes qui se sont livrées à de violents efforts ou qui éprouvent de vives émotions morales. Dans ces conditions j'ai toujours constaté que ces sensations s'expliquaient, soit par des contractions plus énergiques des ventricules nécessitées par un excès d'alimentation et un débit plus laborieux, soit par des dilatations cardiaques. Généralement je suis parvenu à dissiper ces douleurs, dans le premier cas, par le repos, une alimentation douce et des révulsifs au niveau de la région précordiale ; et dans le second, en ajoutant à ces moyens quelques granules de digitaline Nativelle.

Une autre preuve nous est fournie par la douleur que certains sujets éprouvent dans le cœur même au moment de systoles énergiques comme, par exemple, dans les palpitations dites nerveuses. Bien des médecins ont dû les ressentir.

Une troisième nous est donnée par les cardiaques atteints de myocardites aiguës ou chroniques. Ces malades éprouvent dans le cœur des sensations plus ou moins douloureuses, affectant divers caractères.

Ce symptôme a été bien mis en lumière par le professeur Peter (2).

Une quatrième preuve dont il n'est pas possible de révoquer la signification, c'est la douleur vive qui accompagne les ruptures du cœur. S'agit-il d'une rupture des parois ventriculaires ? au même instant, si la mort n'est pas immédiate, le

(1) Journal des Savans, p. 182 et 183, année 1667.

(2) Traité clinique et pratique des maladies du cœur, p. 167 et suiv. Paris 1883.

sujet est pris d'une douleur vive, déchirante, derrière le sternum, quelquefois avec irradiation vers le cou et le bras gauche.

Si la rupture porte sur une colonne charnue, elle s'accuse également et aussitôt par une douleur vive avec palpitations et étouffements. Mêmes phénomènes à la suite de rupture des cordes tendineuses. Mérat rapporte (1) l'observation d'un jeune homme de 18 ans qui, au mois d'août de 1805, ressentit une forte douleur à la région précordiale, avec oppression, toux et crachement de sang. Au bout d'un mois il succomba, et à l'autopsie on aperçut que la plupart des filets tendineux de la valvule mitrale étaient rompus.

A propos de la sensibilité de l'endocarde, je me rappelle avoir été appelé, étant interne à l'hôpital d'Arras, auprès d'un militaire du génie qui venait de mourir subitement dans son lit après avoir poussé un grand cri. A l'autopsie, je vis que l'une des valvulves sigmoïdes de l'aorte ulcérée sur sa face concave, s'était rompue de manière à faire une ouverture livrant facilement passage à une plume d'oie.

Je citerai aussi mes expériences sur les animaux. On verra plus bas que j'ai causé de vives douleurs chez le lapin par des injections intraventriculaires faites avec un mélange d'eau et de teinture de cantharides, ou de nitrate d'ammoniaque, ou avec une mixture composée de baume de Fioravente et d'essence de moutarde ou encore avec de l'eau glacée, etc.

Quant à la sensibilité du péricarde, elle est bien démontrée par les vives douleurs qui accompagnent généralement la péricardite. Il suffit de rappeler celles qu'éprouva Mirabeau et dont son ami Cabanis nous en a laissé le touchant tableau dans son *journal de la maladie et de la mort* de ce grand orateur (2).

(1) *Dictionnaire des Sciences médicales*, art. cœur, p. 505. Paris 1813.
(2) Œuvres complètes de Cabanis, t. II, Paris 1823.

§ 54. — *Sensibilité inconsciente de l'endocarde.*

C'est grâce à cette sensibilité que le sang peut exercer son pouvoir excito-moteur sur le cœur. Cela est si vrai qu'il suffit, ainsi que je le démontrerai plus bas, d'insensibiliser l'endocarde par la cocaïne ou le froid, pour annihiler l'action excito-motrice du sang sur le cœur et arrêter ses mouvements.

C'est aussi de cette façon que se produit l'arrêt du cœur par la faradisation des vagues. Cela est encore si vrai qu'il suffit de rendre, par une injection intra-ventriculaire irritante, l'endocarde plus excitable pour annuler l'action paralysante des vagues et voir les battements du cœur continuer malgré l'électrisation de ces nerfs

Ce mode de sensibilité se révèle encore par une action excito-motrice différente pour les deux cœurs. D'après mes observations et mes expériences, je pense que le sang accumulé dans le ventricule droit exerce sur l'endocarde une excitation transmise au bulbe rachidien, et dont l'effet se manifesterait par de profondes et fréquentes inspirations destinées à faciliter le débit de ce ventricule, tandis que l'accumulation du sang dans le ventricule gauche provoque aussi une excitation, qui, du bulbe, reviendrait aux poumons sous forme de contractions pneumo-vasculaires ayant pour effet de ralentir la petite circulation, et de diminuer l'alimentation du cœur gauche.

Quant à la question de savoir si, *oui* ou *non*, les centres nerveux exercent une action motrice directe sur le cœur, elle est trop importante pour ne pas faire l'objet de chapitres spéciaux.

CHAPITRE VIII

LES CONNEXIONS ANATOMIQUES DU CŒUR AVEC LES CENTRES NERVEUX ET LES EXPÉRIENCES PHYSIOLOGIQUES DÉMONTRENT-ELLES, D'UNE FAÇON ÉVIDENTE, QUE CES CENTRES SONT DOUÉS D'UNE PUISSANCE NERVEUSE DE NATURE MOTRICE EXERÇANT DIRECTEMENT SON ACTION SUR LES MOUVEMENTS DU CŒUR? EXAMEN CRITIQUE DES DIVERSES THÉORIES ÉMISES A CE SUJET.

ARTICLE PREMIER

§ 55. — *Théories régnantes actuellement à cet égard.*

J'ai établi précédemment que le cœur bat et fonctionne régulièrement, dans diverses et nombreuses conditions où il n'est soumis à aucune influence nerveuse immédiate. Cette thèse soutenue depuis longtemps par de nombreux physiologistes, notamment par Haller, a été combattue et fait place actuellement à d'autres théories dans lesquelles le cœur, après avoir été proclamé le *primum vivens* et *l'ultimum moriens*, est devenu pour ainsi dire le jouet de l'activité nerveuse.

En effet, ainsi que je l'ai déjà dit plus haut, les physiologistes de ce siècle ont doué le cœur : 1° d'un premier appareil nerveux, qui, sous l'influence d'excitations douloureuses ou des passions le ralentirait par la voie des vago-spinaux, l'arrêterait même, quelquefois définitivement ; 2° d'un second, qui, sous l'influence d'autres excitations, accélérait ses battements ; 3° d'un troisième, que l'on pourrait appeler *appareil de sauvetage,* qui aurait pour objet de faciliter le débit du cœur gauche lorsqu'il se trouve en détresse ; 4° de deux centres nerveux, l'un modérateur, l'autre accélérateur, situés dans la moelle allongée et cerviale ; 5° et, comme il arrive parfois aux deux cœurs de battre isolément, il faut nécessairement doubler ces centres afin que chaque cœur ait les siens.

Sans être un finaliste, on ne peut passer sans faire remarquer que l'organe le plus important de l'économie, celui qui fonctionne le premier et le dernier, celui dont le mécanisme n'est nullement troublé chez les amyélencéphales par l'absence des centres nerveux, sans faire remarquer, dis-je, que cet organe serait, s'il était réellement soumis à une dépendance nerveuse aussi complexe, singulièrement exposé à des troubles qui deviendraient facilement fatals à l'existence.

Cette étude montre aussi à quelles fluctuations sont soumises les questions physiologiques, et combien il faut apporter de circonspection avant d'admettre les solutions qui ont cours dans la science. Toutefois, il est juste de dire qu'il en est peu d'aussi complexes que celles qui ont trait au principe d'action du cœur, à son innervation, et qui soient aussi embrouillées. Ce qui n'est pas de nature à dissiper les hésitations que l'on éprouve en abordant un tel sujet.

§ 56. — *L'encéphale n'exerce aucune influence directe sur les battements du cœur.*

La thèse contraire fut soutenue par Piccolomini qui prétendait que, par l'intermédiaire des nerfs vagues, le cœur puisait dans l'encéphale le principe de ses mouvements. Willis en plaçait la source dans le cervelet. Les stahliens, s'appuyant sur le cas du colonel Townshend, soutenaient que la volonté a une action directe sur le cœur, et que si elle ne se montre pas plus souvent, c'est par défaut d'exercice.

Par contre, les expériences de Wilson Philip, de Rolando, de Flourens, de Brachet, ont appris que l'on peut, sur divers animaux, enlever cerveau et cervelet sans arrêter les mouvements du cœur. On a vu chez l'homme, dans les plaies de tête, l'encéphale enlevé presque en totalité, et cependant le cœur continuer à battre pendant plusieurs heures.

Toutefois, si dans ces expériences, le cœur ne cesse pas de battre, il n'en est pas moins vrai que son rythme est modifié, ainsi que l'a constaté Brachet (1), par les mutilations que l'on fait subir à l'animal. De plus, l'influence des passions sur le cœur qui se traduit, soit par une accélération, un ralentissement ou un arrêt, est un fait qui a été longuement étudié par Cl. Bernard et qui prouverait, d'après ce physiologiste qui s'est fait l'interprête de l'opinion générale, que le cerveau exerce une *influence directe* sur le rythme du cœur. Pour le moment je ne m'arrêterai pas sur cette influence admise par tout le monde. Je la nie formellement, *comme action motrice directe,* me réservant d'exposer plus tard que l'action incontestable du cerveau sur le cœur ne s'exerce, au point de vue moteur, que d'une *façon indirecte*, par les changements qu'elle apporte dans son alimentation et son débit.

§ 57. — *Est-il vrai que la moelle épinière exerce une influence directe sur les battements du cœur ?*

A la théorie Hallérienne, qui, grâce à sa simplicité et aux expériences de son auteur, avait conquis l'assentiment d'un grand nombre de physiologistes, succéda celle de Le Gallois qui soutint que le cœur puise son principe d'action dans la moelle épinière. J'ai déjà parlé plus haut de ce travail qui eut un grand retentissement que je considère en partie immérité.

Sans revenir sur les expériences de Wilson Philip, de Burdach et autres physiologistes Allemands, de Flourens, Cl. Bernard, etc., qui combattirent les idées de Le Gallois en démontrant que le cœur peut continuer à battre après la destruction de la moelle épinière, je me contenterai d'opposer aux théories de ce physiologiste ses propres expériences; de montrer qu'elles déposent contre la thèse qu'il a soutenue, et d'en faire voir l'inanité.

De l'aveu même de Le Gallois, il lui est arrivé bien des fois de constater que le cœur persistait à battre après la destruc-

(1) Fonctions du système nerveux ganglionnaire, p. 73, Paris 1830.

tion de la moelle épinière. Seulement, il considéra ces battements, qu'il compare à ceux d'un cœur arraché de la poitrine, comme incapables d'entretenir la circulation, et donna comme preuve qu'à l'ouverture des artères il ne s'écoulait pas de sang.

Le Gallois a oublié que le cœur ne peut fonctionner normalement et envoyer du sang dans les artères qu'à la condition d'en recevoir. Or, comment le pourrait-il quand la moelle épinière est détruite ? Alors, la circulation capillaire et veineuse s'arrêtent ; d'abord, parce que les petits vaisseaux paralysés par la destruction des centres vaso-moteurs se laissent dilater et que la circulation y devient très languissante ; ensuite, parce que les muscles, qui jouent sur le sang qui les traversent le rôle d'autant de cœurs périphériques, sont également paralysés et par suite incapables d'accélérer sa marche ; de plus, les mouvements respiratoires étant abolis, le sang veineux cesse d'être attiré dans l'oreillette et le ventricule droits ; enfin, par la même cause, le sang contenu dans ce ventricule ne peut pas pénétrer dans les poumons et se déverser dans le ventricule gauche, ainsi que je l'ai démontré dans mon ouvrage déjà cité.

Dans de semblables conditions, il faut nécessairement se convaincre que si ce cœur s'affaiblit et cesse de battre, c'est parce qu'il ne reçoit plus de sang, et non à cause de la destruction de la moelle épinière.

A ce sujet, les expériences de Le Gallois fournissent un fait qui corrobore ma manière de voir. Ce physiologiste dit avoir constaté qu'en liant des artères telles que l'aorte ventrale ou les carotides, la circulation durait plus longtemps. Ce fait s'explique facilement attendu que par la ligature d'artères importantes, la masse du sang se trouve localisée dans une partie restreinte du corps ; ce qui permet au cœur d'être plus facilement alimenté, et par conséquent d'avoir un débit plus fort.

Parmi les expériences de Le Gallois il en est qui paraissent, au premier abord, favorables à sa théorie. Ce sont celles où il a vu que, malgré la respiration artificielle, les battements ne renaissaient pas dans un cœur arrêté à la suite de la destruction de la moelle épinière. Seulement, j'ajoute de suite que le même fait s'observe alors que la moelle est intacte ; et, ce qu'il y a de curieux, c'est Le Gallois lui-même qui nous l'apprend. Après avoir détruit la moelle, ce physiologiste ne commençait la respiration artificielle que quand les carotides étaient aplaties ou ne contenaient plus qu'un filet de sang. Or, comment pouvait-il espérer ranimer les mouvements du cœur lorsque dans l'article consacré à ce viscère (1), il écrit : « J'ai constamment observé qu'il n'était plus possible de rappeler un animal à la vie toutes les fois que l'asphyxie avait été prolongée jusqu'à ce que les carotides fussent vides et aplaties ; et qu'au contraire il y avait quelque espoir d'y parvenir, quelque fût l'état de mort apparente de l'animal, lorsque les carotides étaient encore rondes et assez remplies. »

Dans son ouvrage (2) il s'était déjà exprimé ainsi : « Il est certain au contraire que la circulation est arrêtée, lorsque les carotides sont vides et aplaties, et, dans les cas où elles contiennent encore un peu de sang, lorsque ce sang ne change point de couleur par l'insufflation pulmonaire. Je dirai à ce sujet que cet état des carotides est un des signes les plus sûrs et les plus prompts que l'on puisse avoir de la mort d'un animal. »

De ce qui précède, il faut donc admettre, en s'appuyant sur les expériences de Le Gallois, que s'il ne parvenait pas, par la respiration artificielle, à ranimer les battements du cœur chez les animaux dont il avait détruit la moelle, ce n'était pas parce que cette destruction privait le cœur de son prétendu centre excito-moteur, mais bien parce qu'il s'y prenait trop tard pour pratiquer les insufflations pulmonaires, rétablir la petite circulation et ranimer les mouvements du cœur.

Des faits que je viens d'exposer, je suis autorisé à conclure, contrairement à Le Gallois, que le cœur ne puise pas son principe d'action dans la moelle épinière. Toutefois, tout en défen-

(1) Dict. des Sciences médicales, t. v, p. 464, Paris, 1813.
(2) Principe de la vie. p. 72, Paris, 1812.

dant cette conclusion, faut-il admettre, avec la plupart des physiologistes modernes, que la moelle épinière exerce sur le cœur une influence accélératrice ? C'est ce que je vais examiner dans l'article suivant.

ARTICLE DEUXIÈME

§ 58.— *Que faut-il penser des centres et des nerfs accélérateurs du Cœur?*

Parmi les adversaires de Le Gallois, plusieurs ont cru que,si le cœur ne puise pas dans la moelle épinière le principe de ses mouvements, il est influencé dans son rythme par l'excitation ou la destruction de la moelle. Wilson Philip avait observé qu'en déposant quelques gouttes d'alcool sur la moelle cervicale le cœur s'accélérait, tandis qu'il se ralentissait par une dissolution d'opium. D'autres ont constaté que la destruction subite de la moelle accélère et affaiblit les contractions du cœur, et que son rythme est aussi modifié par l'excitation électrique de l'axe spinal.

Je ne reviendrai pas sur les expériences de Bezold, de Ludwig et Thiry, de Ludwig et E. Cyon, citées plus haut. Je me bornerai à rappeler que ces derniers, jugeant la théorie de Ludwig et Thiry insuffisante, firent de nouvelles recherches. Après avoir sectionné la moelle épinière entre l'atlas et l'occipital et les nerfs splanchniques, ils galvanisèrent le segment inférieur de la moelle. Cette galvanisation accéléra les battements du cœur sans modifier la pression artérielle.

A la suite de ces expériences, ces physiologistes, revenant aux idées de Le Gallois et de Bezold, conclurent que la moelle agit sur le cœur par des filets cardiaques désignés par E. Cyon sous le nom de nerfs *accélérateurs du cœur*.

Cette conclusion ne découle pas nécessairement de leurs expériences dont les résultats peuvent s'expliquer autrement. J'objecte, d'abord, qu'après avoir interrompu toute communication entre la moelle et le cœur, par la destruction des nerfs cardiaques, Ludwig et Thiry avaient observé que l'excitation de ce centre nerveux élève la pression artérielle et accélère le cœur. J'ajoute qu'ils avaient obtenu les mêmes résultats en comprimant l'aorte au-dessus de sa bifurcation.

Ensuite, l'accélération des battements du cœur, qu'ils ont provoquée par l'excitation du segment inférieur de la moelle, ne prouve pas qu'elle soit la *conséquence directe* de l'irritation médullaire. En effet, j'ai démontré plus haut que le rythme des battements du cœur est subordonné aux conditions dans lesquelles s'opèrent son alimentation et son débit, et qu'il se modifie suivant les variations qu'elles subissent.

Or, en excitant le segment inférieur de la moelle, l'expérimentateur produit, dans l'ensemble des muscles des membres et du tronc, des contractions qui accélèrent la circulation veineuse et par suite les mouvements du cœur.

Les mêmes contractions concourent aussi à causer ce dernier effet en élevant la pression artérielle. De plus, les contractions du thorax provoquées par l'excitation médullaire ne sont pas sans apporter, dans la respiration artificielle et la circulation pulmonaire, des perturbations qui retentissent sur les mouvements du cœur.

Pour que les expériences de Ludwig et E. Cyon fussent concluantes, il faudrait que l'excitation de la moelle n'eût pu être transmise qu'au cœur. Or, il est loin d'en avoir été ainsi.

Depuis ces expériences, un grand nombre de physiologistes, parmi lesquels je citerai François-Franck ont étudié l'appareil accélérateur du cœur. Aujourd'hui, on admet que le centre de cet appareil occupe dans la moelle une partie très étendue de la région cervico-dorsale d'où émergent, à partir de la quatrième où cinquième racine cervicale jusqu'à la cinquième dorsale, des fibres accélératrices qui se rendent, par la chaîne du grand sympathique et le nerf vertébral, au ganglion cervical inférieur, à l'anse de Vieussens et au premier ganglion thoracique.

L'excitation des bouts périphériques des nerfs accélérateurs provoquant aussi l'accélération des battements du cœur, je ne puis opposer, à la thèse de l'influence myélo-cardiaque directe, les mêmes objections que celles précitées à propos des effets de l'excitation du segment inférieur de la moelle.

Avant d'exposer comment cette accélération peut s'expliquer par des influences nerveuses extra-cardiaques, je vais examiner quelques faits qui ne sont pas sans importance dans la solution de cette question. Les physiologistes ont été frappés par le temps relativement long qui s'écoule entre l'instant de l'excitation appliquée aux nerfs accélérateurs et le moment où le cœur s'accélère. François-Franck explique ce retard par la résistance qu'opposerait l'action modératrice des nerfs pneumogastriques (1).

Mieux vaut en attribuer la cause aux changements apportés dans l'alimentation et le débit du cœur, dont il ne peut ressentir instantanément les effets, que de la placer dans la durée d'un conflit entre deux appareils dont l'un inciterait le cœur à marcher, tandis que l'autre s'efforcerait de l'arrêter. Aussi, je n'hésite pas à considérer ces théories comme des complications gratuites que l'intelligence humaine s'efforce d'apporter dans l'explication de phénomènes qui paraissent toujours simples lorsqu'ils sont bien connus.

D'après le physiologiste précité (loc. cit. p. 25) si l'excitation des nerfs accélérateurs ne dépasse pas dix à vingt secondes, le cœur conserve, après qu'elle a cessé, une grande fréquence pendant quelques instants pour revenir peu à peu à son rythme normal.

Ce fait s'explique très bien par les changements apportés dans l'alimentation ou le débit du cœur. Quand la cause qui les a provoqués cesse, ce n'est que peu à peu et par le rétablissement de l'équilibre circulatoire, que le cœur reprend son rythme ordinaire. C'est un fait que j'observe tous les jours dans

(1) Diction. Enc. des Sc. médicales, art. grand sympathique, p 24. Paris, 1884.

des cas où l'influence nervo-cardiaque directe ne peut être invoquée. Cette influence accélératrice du cœur causerait rarement, d'après François Franck, une augmentation notable de la pression artérielle. La règle, dit-il, est la conservation ou la diminution de la valeur moyenne de la pression (loc. cit. p. 19). Dans un ouvrage récent de E. Hédon (1) je vois, page 146, une figure représentant l'accélération des mouvements du cœur avec élévation très marquée de la pression artérielle par l'excitation faradique des nerfs accélérateurs chez le chien. Le même auteur signale dans le texte, que l'excitation de ces nerfs provoque l'accélération des battements du cœur et l'élévation de la pression artérielle.

Des assertions aussi contradictoires ne sont pas de nature à faire accepter sans examen la théorie des nerfs accélérateurs.

Enfin, bien que ces nerfs se rendent au plexus cardiaque il importe de ne point oublier que le cœur n'est pas le seul organe auquel ce plexus envoie des nerfs. Il en fournit à l'artère pulmonaire et à l'aorte. Ceux de l'aorte constituent le *plexus aortique* qui se prolonge sur l'aorte descendante, et passe, après avoir reçu quelques cordons du filet sympathique, dans la cavité abdominale où il s'unit avec le plexus cœliaque. De plus, un certain nombre de filets cardiaques se rendent dans le plexus pulmonaire antérieur. En outre, les mêmes troncs nerveux sympathiques qui renferment les filets cardiaques accélérateurs contiennent aussi des filets vaso-moteurs pulmonaires. François Franck (2).

De cette distribution topographique des nerfs du plexus cardiaque, il résulte forcément que quand on excite les nerfs *dits accélérateurs*, on n'agit pas seulement sur le cœur mais aussi sur le poumon et ses vaisseaux, sur l'aorte, sur le plexus cœliaque et par suite sur les organes qu'il innerve. Or, dans de telles conditions, l'expérimentateur qui constate que les battements du cœur augmentent de fréquence quelques instants

(1) Collection Testut, *Précis de Physiologie*, Doin, éditeur, Paris.
(2) *Dict. ency. des sc. méd.*, art. sympthique, p. 19.

après la galvanisation des nerfs accélateurs, est-il autorisé à conclure à une action directe de ce nerf sur le cœur ? N'est-on pas en droit de lui objecter que son excitation s'est fait sentir sur les poumons, l'estomac et la rate ; qu'elle a provoqué dans ces organes une contraction vaso-motrice qui a brusquement augmenté l'alimentation du ventricule gauche et le travail de son débit, et que c'est à ces modifications dans les conditions de fonctionnement du cœur qu'il faut attribuer son accélération ? Non-seulement cette explication est plus rationnelle, mais elle s'appuie sur des faits d'observation et d'expérience que je vais citer :

1° Il suffit, comme je l'ai dit plus haut, de faire comprimer un dynamomètre pour constater immédiatement une dilatation de l'oreillette, du ventricule gauches et de la crosse de l'aorte, avec une accélération du cœur qui débute dans la 2e seconde qui suit la compression. En ce moment je renouvelle l'observation sur un jeune sujet dont le pouls qui est à 60, s'élève à 90 en exerçant sur le dynamomètre une pression de 50 kgr.

2° Dans mes observations d'accélération du cœur provoquée par des excitations douloureuses ou des émotions morales j'ai toujours constaté qu'il se produit en même temps une dilatation de l'O. G. et une dilatation de la crosse, deux faits qui expliquent l'accélération du cœur par l'obligation où il se trouve de faire face à une augmentation subite du travail dû, à la fois, à un excès d'alimentation et à un débit plus difficile;

3° En étudiant les figures représentant les tracés des pulsations cardiaques recueillies pendant l'excitation faradique des *nerfs dits accélérateurs*, celle par exemple du *Précis de Physiologie* de Hédon, p. 146, on remarque que ce tracé ne s'élève qu'à la troisième pulsation qui suit le début de l'excitation, et que l'élévation rapide de la pression artérielle qu'il indique, ne pouvant être attribuée au volume des ondées ventriculaires, doit résulter d'une cause extra-cardiaque.

Je n'oublie pas que, d'après d'autres physiologistes, il y a le plus souvent, dans ce cas, conservation ou diminution de la pression artérielle normale. J'examinerai dans mes recherches sur le mécanisme de l'influence des passions sur le cœur, à quoi peuvent tenir ces résultats contradictoires.

Je ferai aussi remarquer que, généralement, ces expériences sont faites après la section de la moelle et l'entretien de la vie par la respiration artificielle. Or, s'il est un fait certain, c'est que le cœur s'accélère sous l'influence des mouvements respiratoires artificiels précipités. A-t-il été tenu suffisamment compte de cette condition ? Il est permis d'en douter d'après le silence des expérimentateurs.

Conclusions. — D'après cet examen critique, je conclus que l'existence des nerfs accélérateurs du cœur n'est pas démontrée, et que les faits sur lesquels elle s'appuie s'expliquent facilement et mieux par des actions excitomotrices extra-cardiaques, ayant pour effet de modifier l'alimentation et le débit du cœur.

REMARQUE. — Tout en critiquant la théorie des nerfs accélérateurs, il est juste de faire observer que, parmi les physiologistes qui la soutiennent, tous ne reviennent pas à l'opinion de Le Gallois et de Bezold. Je citerai François-Franck qui écrit : « La suppression des rapports entre le cœur et les origines des nerfs accélérateurs n'entraîne pas de ralentissement du rythme, preuve évidente que les centres nerveux n'exerçaient pas sur le cœur d'action excito-motrice continue. Il y a donc, par conséquent, à modifier sur un point la conception autrefois admise de la provenance centrale de l'activité cardiaque : il s'agit d'un système surajouté, capable de modifier, quand il y est sollicité, l'activité du cœur, mais ne représentant en aucune façon la source même de cette activité » (1).

Pour peu que les partisans de la théorie des nerfs accélérateurs fassent encore un pas en arrière, il est permis d'espérer

(1) Loc. cit., p, 17.

qu'ils arriveront à ne plus considérer l'accélération du cœur que comme la conséquence d'effets excito-moteurs extra-cardiaques.

ARTICLE TROISIÈME

§ 59. — *Examen critique de la théorie de E. Cyon sur le nerf dépresseur de la circulation que je qualifie, d'après son rôle, de nerf régulateur de l'alimentation du cœur gauche.*

En mars 1867, les frères Cyon communiquaient à l'Académie des sciences, un résumé de leurs recherches sur l'*innervation du cœur* (1). Le fait capital de ce travail consisterait dans la découverte d'un nerf cardiaque désigné par E. Cyon, sous le nom de *nerf dépresseur* de la circulation. D'après ce physiologiste, ce nerf prend naissance chez le lapin par deux racines venant l'une du laryngé supérieur, l'autre du pneumogastrique. Il descend ensuite le long du cou, à côté du filet cervical du grand sympathique et de l'artère carotide. Dans la poitrine il s'anastomose avec des filets émergeant du premier ganglion thoracique, et se perd dans le tissu cellulaire situé entre les origines de l'aorte et de l'artère pulmonaire. Pour expérimenter sur ce nerf on le sectionne à la région du cou ; et, après avoir placé un hémomètre dans la carotide, on excite successivement les deux bouts.

L'excitation du bout périphérique ne cause aucun effet, tandis que celle du bout central est douloureuse, abaisse la pression artérielle de 5 à 6 ctm. de Hg., et ralentit les mouvements du cœur. E. Cyon explique l'abaissement de la pression artérielle en soutenant que l'excitation du bout central du *nerf dépresseur* agit sur les centres vaso-dilatateurs et provoque, par la voie des nerfs splanchniques, la dilatation des vaisseaux abdominaux dans lesquels l'accumulation du sang fait baisser la pression artérielle. Pour prouver cette thèse, il montra

(2) Comptes rendus de l'Académie des Sciences, 25 mars 1867.

qu'après la section des nerfs splanchniques, l'excitation centrale *des nerfs dépresseurs* ne produit plus cet effet. Le ralentissement des battements du cœur fut attribué à l'excitation réflexe des nerfs vagues ou frénateurs.

L'on en donne comme preuve qu'après leur section, l'excitation centrale des nerfs dépresseurs provoque toujours l'abaissement de la pression artérielle sans ralentir les mouvements du cœur. Il résulte de ces expériences que l'excitation des nerfs sensitifs du cœur produirait deux effets réflexes indépendants : l'un serait un effet modérateur de l'action cardiaque se traduisant par un ralentissement de ses battements ; l'autre, une action vaso-dilatatrice des petits vaisseaux périphériques abaissant la pression artérielle.

La découverte de ce nouveau nerf et de ses fonctions fut acceptée avec enthousiasme par la plupart des physiologistes ; ils s'empressèrent de faire voir la corrélation que ce filet nerveux établit entre le cœur et la circulation périphérique. Selon cette théorie, pour peu que le ventricule gauche soit distendu, vite le nerf de Cyon transmet aux centres vaso-dilatateurs l'ordre de dilater les petits vaisseaux ; aussitôt les écluses périphériques s'ouvrent et le cœur se vide avec facilité. Si au contraire, par suite d'une alimentation cardiaque insuffisante, l'endocarde est faiblement excité, les écluses se ferment et le sang est refoulé vers le cœur.

Voilà une théorie séduisante ! Le malheur, c'est qu'en clinique on n'a pas l'occasion de constater le rôle si précieux que le nerf de Cyon jouerait chez les animaux. J'ai observé bien souvent des ventricules gauches dilatés, ne se vidant qu'incomplètement à chaque systole ; et toujours j'ai constaté que les vaisseaux périphériques se resserraient de plus en plus et que le sang s'accumulait dans le système veineux.

D'ailleurs est-il permis de s'extasier sur l'action bienfaisante du nerf de Cyon, puisqu'une même excitation produit, d'après ce physiologiste et ses partisans, des conséquences opposées ? En effet, quand le cœur gauche est distendu par le sang et se vide difficilement, il importe, non seulement que la circulation périphérique soit rendue facile par la dilatation des petits vaisseaux, mais surtout de donner de la force et de l'énergie au myocarde. Or, d'après la théorie de Cyon, l'excitation du nerf qui porte son nom, agirait en même temps sur les centres frénateurs qui commanderaient aux nerfs vagues d'affaiblir et de *ralentir* l'action du cœur; de sorte que la *facilité* de travail acquise par une diminution de résistance causée par l'excitation des nerfs dépresseurs, cette même excitation la supprimerait en diminuant la puissance du cœur.

Singulière théorie que celle qui consiste à imaginer un mécanisme qui entrave d'une part le mouvement qu'il a pour but de faciliter d'autre part! On voit par cet exemple qu'à force de vouloir multiplier les rouages nervoso-cardiaques, on arrive à des conceptions qui choquent l'intelligence.

La théorie de Cyon fut combattue par Marey qui soutint l'exactitude de la loi qu'il avait formulée en 1861, et d'après laquelle la fréquence des battements du cœur est en raison inverse de la pression artérielle. Il en démontra l'exactitude par de nouvelles expériences sur le cœur de la tortue terrestre (compte rendu de l'Académie des Sciences, 1873). Répétant les expériences de E. Cyon, et voyant sur ses tracés que le premier résultat de l'excitation du nerf dépresseur est un ralentissement du cœur qui provoque un abaissement de la tension artérielle, il en conclut que cette excitation agit par la voie réflexe des pneumogastriques sur le cœur.

Dans les siennes, E. Cyon avait répondu, par anticipation à celles de Marey, en constatant qu'après la section de tous les filets nerveux accompagnant les vaisseaux du cou, l'excitation du bout central du nerf dépresseur provoque encore *l'abaissement de la pression artérielle sans ralentir le cœur.* Toutefois, cet auteur fait remarquer que dans l'une de ses expériences il avait négligé quelques filets nerveux. Ce à quoi Marey répond qu'il a pu en être ainsi dans les autres.

Malgré ces critiques la théorie de E. Cyon n'en continue pas moins à régner dans les écoles. La plupart des physiologistes et des médecins sont persuadés que l'influence directe du système nerveux sur le cœur est capitale et qu'il ne peut rien faire sans lui. Vulpian écrit à cet égard : « On n'est pas en droit d'appliquer, sans réserves, au jeu de l'appareil cardio-vasculaire les données de la mécanique hydraulique et, si on se laisse entraîner dans cette voie, on risque fort de commettre des erreurs regrettables.

« Je ne veux vous donner qu'un exemple à l'appui de cette proposition. Que dit la théorie, relativement à l'influence du resserrement de l'ensemble des artérioles ou à celle de l'augmentation de la tension artérielle sur la fréquence des battements du cœur ? Le voici : ces battements doivent devenir plus lents lorsque la pression sanguine intra-artérielle s'élève ; ils doivent devenir plus fréquents lorsque cette pression s'abaisse. Eh bien, c'est le contraire qui a lieu chez l'animal vivant, lorsque le cœur a conservé ses relations normales avec le système nerveux. Les mouvements du cœur s'accélèrent lorsque la pression intra-artérielle augmente ; ils se ralentissent dans la condition inverse. C'est que le cœur, dans le premier cas, reçoit une stimulation spéciale due à l'excitation réflexe des nerfs accélérateurs; et, dans le second cas, il subit l'effet de l'excitation réflexe des fibres du spinal, qui font partie du nerf vague » (1).

Il n'est pas douteux que c'est aux théories de Marey que Vulpian s'en prend dans ce passage. Sans revenir sur ce que j'ai écrit plus haut sur cette question, je ne manquerai pas de faire remarquer que Vulpian aurait dû commencer par se mettre d'accord avec lui-même.

En effet, dans le même volume, quelques pages plus haut, à propos des expériences du Dr Asp, il écrit, page 356 : « Il a vu la section des nerfs splanchniques produire constamment un abaissement de la pression sanguine intra-artérielle, et une

(1) Leçons sur l'appareil vaso-moteur, etc., t. I, p. 371. Paris, 1875.

augmentation du nombre des battements du cœur, ce qui s'accorde avec les données que nous avons précédemment indiquées. »

Il est facile de voir que si la *fréquence des battements du cœur consécutive à l'abaissement de la pression artérielle* s'accorde avec les données émises plus haut par cet auteur, cette relation de cause à effet ne s'accorde plus du tout avec ce qu'il avance plus bas en soutenant que le *cœur se ralentit par suite de la diminution de la pression artérielle.*

§ 60. — *Remarques sur la pression artérielle.*

Il est à signaler qu'en ce qui concerne les expériences sur les nerfs cardiaques, il existe parmi les physiologistes des assertions contradictoires à propos de la pression artérielle. Pour une même expérience, tel physiologiste accusera une élévation de pression, tandis que tel autre signalera un abaissement. Je profite de cette remarque pour en faire une autre à propos de la diminution de la pression artérielle carotidienne constatée dans les expériences sur les nerfs dits dépresseurs.

Je pense que pour s'assurer exactement du rapport qui existe entre la fréquence des battements du cœur et la pression artérielle, c'est dans la crosse de l'aorte qu'il faut interroger cette pression. Ce qui m'autorise à soutenir cette thèse, c'est que le travail du cœur est subordonné à l'effort qu'il doit faire pour soulever les valvules sigmoïdes et faire pénétrer l'ondée sanguine dans l'aorte, c'est-à-dire à la pression du sang dans la partie ascendante de ce vaisseau. Or, cette pression y reste quelquefois stationnaire alors qu'elle varie dans d'autres artères où elle subit des changements en sens inverse de ceux observés dans la crosse aortique, de sorte que le physiologiste peut croire, en constatant la pression sanguine dans une artère, à une diminution du travail du cœur, alors que c'est le contraire qui se produit et réciproquement. Je citerai, comme exemple, l'expérience de Cl. Bernard dans laquelle, après la section du grand sympathique au cou d'un cheval, il vit que la pression sanguine avait augmenté dans l'artère maxillaire. Ce résultat, qui semble contraire à celui qu'aurait dû donner la dilatation des artérioles, s'explique par ce fait qu'après cette section, toutes les artères innervées par cette partie du grand sympathique se laissent dilater par le sang qui y arrive en quantité et avec une vitesse qui élève la pression ; et, par cet autre fait, signalé par Bernouilli, que la pression décroit dans les portions d'un tube dont le calibre diminue, et cela bien que le liquide qui pénètre dans l'orifice d'entrée conserve une pression constante.

Quoique dans l'expérience de Cl. Bernard il ne soit pas question de diminution de pression dans la crosse aortique, je suis convaincu que c'est un phénomène qui se produit. Ce qui me le fait dire ce n'est pas un simple raisonnement appuyé sur ce fait que, quand un liquide accumulé sous tension dans un système de tubes fermés, trouve sur un point un écoulement facile la tension baisse dans les autres parties, mais bien mes expériences plessimétriques sur les variations de volume de la crosse de l'aorte. Aussi, est-ce à l'origine du système aortique que j'interroge la pression artérielle, que j'observe ses variations et que j'apprécie, en grande partie, le travail que le cœur doit effectuer.

Parmi ces expériences je citerai les suivantes :

OBSERVATION XII.

Aujourd'hui 26 juillet 1896, la température extérieure étant à 26°, je trace sur un jeune homme la tangente de la crosse de l'aorte qui passe à 28 mm. de la ligne M S, et je prends au poignet sa pression artérielle qui s'élève à 13 ctm. de Hg. Ensuite, je lui fais plonger l'avant-bras dans de l'eau à 15°. Bientôt la crosse de l'aorte se dilate, en moins d'une demi-minute elle passe à 4 ctm. de la ligne M S, et la pression artérielle au poignet descend à 9 ctm de Hg. Lorsque l'aorte a repris son volume normal je lui fais plonger l'avant-bras dans de l'eau à 52°. Presqu'aussitôt la crosse aortique diminue, et après moins d'une demi-minute sa limite n'est plus qu'à 18 mm. de la ligne M S. Alors, la pression artérielle prise au poignet s'est élevée à 16 ctm. de Hg.

Sur un autre jeune homme dont la pression artérielle au poignet mesure 14 ctm., je la fais descendre à 10 en lui faisant plonger l'avant-bras dans de l'eau à 15°, et s'élever à 16 avec de l'eau à 50°.

Voilà des faits qui démontrent, comme dans l'expérience de Cl. Bernard, que la pression sanguine s'élève dans une artère qui se dilate ainsi que ses branches, tandis que cette pression baisse lorsqu'il y a resserrement. Mais, ce qu'il y a de plus intéressant dans ces observations, c'est ce qui a lieu dans la *crosse de l'aorte* qui se dilate lorsque, à la suite d'une contraction des petits vaisseaux, la pression baisse dans une partie du système artériel, tandis qu'*elle* se resserre lorsque, dans la même partie, la pression s'élève à la suite d'une dilatation. Ces faits, qui s'expliquent par cette raison que, dans ces cas, le resserrement ou la dilatation ne se produisent que dans quelques artères et non dans l'ensemble du système artériel, permettent d'objecter aux expériences de E. Cyon qu'elles ne prouvent pas que la diminution de la pression carotidienne, observée par l'électrisation du bout central des nerfs dépresseurs, se soit manifestée dans l'ensemble du système artériel, notamment dans la crosse de l'aorte. Aussi, est-il permis de se demander si cet abaissement de pression, occasionné par la galvanisation du bout central des nerfs dits dépresseurs, n'est pas un effet de contraction vaso-motrice s'étant produite exclusivement sur les artères de la tête, tandis que dans le reste du système il y avait élévation ?

L'abaissement de la pression artérielle observé par Cyon est passible d'une autre interprétation. L'on peut se demander si, par l'excitation douloureuse du bout central des nerfs dits

10

dépresseurs, ce physiologiste n'a pas provoqué, par voie réflexe, une contraction des vaisseaux du poumon suivie d'un ralentissement de la circulation, et par suite d'une diminution de la pression artérielle. C'est à cette hypothèse que je me rallie et que je m'efforcerai de démontrer plus bas.

A l'appui de sa thèse, Cyon donne encore comme preuve qu'après la section des nerfs splanchniques l'excitation du bout central des *nerfs dépresseurs* ne provoque plus l'abaissement de la pression artérielle. Je ne vois pas comment ce manque d'abaissement puisse démontrer le rôle que Cyon attribue aux nerfs précités. En effet, après la section des nerfs splanchniques la pression artérielle baisse forcément par suite de l'accumulation du sang qui s'opère dans les vaisseaux abdominaux paralysés par la section de leurs nerfs vaso-moteurs. Or, on ne comprend comment cette pression puisse encore baisser par dilatation de ces vaisseaux lorsqu'ils sont déjà dilatés !

De ce qui précède je me crois autorisé à conclure qu'il n'est nullement démontré que le nerf dit de Cyon soit, comme l'a soutenu ce physiologiste, un *nerf dépresseur* de la circulation. Les faits qui découlent de ses expériences sont susceptibles de recevoir d'autres interprétations, et les conclusions qu'il en a tirées ne reposent pas sur des preuves évidentes.

§ 61. — *Le nerf de Cyon doit plutôt être considéré comme un régulateur de l'alimentation du cœur gauche.*

En me livrant à l'examen critique qui précède je me suis demandé si, en sa qualité de nerf sensitif animant l'endocarde gauche, le nerf de Cyon ne joue pas, comme tout autre rameau nerveux sensitif provenant de cette membrane, un rôle régulateur dans l'alimentation du cœur gauche ; et si l'excitation galvanique de son bout central ne provoque pas, par voie réflexe, une contraction des poumons et de leurs vaisseaux, ayant pour effet de modérer l'alimentation du cœur gauche lorsqu'il est trop distendu par le sang, et par suite d'abaisser la pression artérielle? C'est une hypothèse que les expériences de E. Cyon n'excluent pas, et que mes observations plessimétriques confirment.

Je donne les suivantes comme exemples *démontrant que la surexcitation endocardienne, causée par l'abondance du sang dans le ventricule gauche, provoque la contraction des poumons.*

OBSERVATIONS XIII, XIV, XV, XVI.

Un jeune homme de 25 ans, fort et bien constitué, est couché sur un parquet, la tête reposant sur un petit coussin ; les bords antérieurs des deux poumons se touchent au niveau de la ligne M S. Je fais lever et maintenir en l'air les quatre membres. Cette position provoque la dilatation de la crosse de l'aorte et du ventricule gauche, mais en même temps les poumons se contractent; et au bout de 15 à 25 secondes les bords antérieurs sont éloignés l'un de l'autre de 28 mm.

Une deuxième observation est faite sur un homme de 47 ans, bien développé et atteint fréquemment de bronchites. Couché sur le dos, comme le précédent, je constate que les bords antérieurs des poumons arrivent à la ligne M S ; la tangente de la crosse aortique est à 3 ctm 1/2 de cette ligne ; la limite du ventricule gauche passe un peu en dehors de la ligne M C D. Les membres inférieurs sont levés et maintenus en l'air sous un angle de 60° ; les membres supérieurs sont également levés. Aussitôt la crosse de l'aorte ainsi que le ventricule gauche se dilatent, et leurs limites arrivent rapidement 2 ctm en dehors des précédentes. En même temps les poumons se contractent; et, après un quart de minute les bords antérieurs se sont éloignés de 4 ctm. A ce moment le sujet éprouve un peu de gène pour respirer. Cette épreuve renouvelée à plusieurs reprises me donne constamment les mêmes résultats.

Voici une troisième observation faite d'une autre façon le 21 août 1896.

Le sujet, homme jeune et fort, a la limite de la crosse aortique passant près de 3 ctm 1/2 en dehors de la ligne M S ; les bords antérieurs des deux poumons se touchent au même niveau. A un moment donné, je fais comprimer les fémorales par un aide et lever les bras par un autre. Après 10'' la limite aortique se trouve à plus de 5 ctm de la ligne M S, le V G se dilate, et au bout de 30 à 40'' les bords antérieurs des poumons ont subi un écart de 4 ctm. 1/2 sous l'influence de la contraction de ces viscères ; en même temps le sujet éprouve de la gêne pour respirer. En cessant la compression les bords des poumons reprennent, en 10'', leur situation ordinaire. Cette épreuve renouvelée à plusieurs reprises, donne toujours les mêmes résultats.

Enfin, j'en rapporte une quatrième. (*Voir Pl. XIV*).

Le 29 décembre 1896, A. âgé de 25 ans est couché à plat ; les bords antérieurs des poumons arrivent à la ligne M S ; la limite de l'aorte passe en A, celle du ventricule gauche par le mamelon, et de l'oreillette droite en O. Il respire 16 fois par minute. En faisant lever par un aide les jambes en l'air, l'oreillette droite se dilate et sa respiration s'élève à 20 par minute.

Par la compression des fémorales, il accuse de la gêne pour respirer avec sensation de poids en avant de la région sternale. Je constate que le ventricule gauche est dilaté, et que sa limite passe plus de deux centimètres en dehors du mamelon ; que les poumons se sont contractés, et que leurs bords antérieurs écartés de 6 ctm. passent en PP; la tangente de l'aorte est en A^1 et celle de l'oreillette droite en O^1. En conprimant plus fort, la tangente aortique arrive en A^2, de l'oreillette droite en O^2; les poumons s'écartent jusqu'à P^1 P^1, et le ventricule gauche est plus dilaté. Alors le sujet accuse une plus grande gêne de respiration avec sensation marquée de poids sur la région sternale. En cessant la compression des fémorales la respiration devient

Pl. XIV

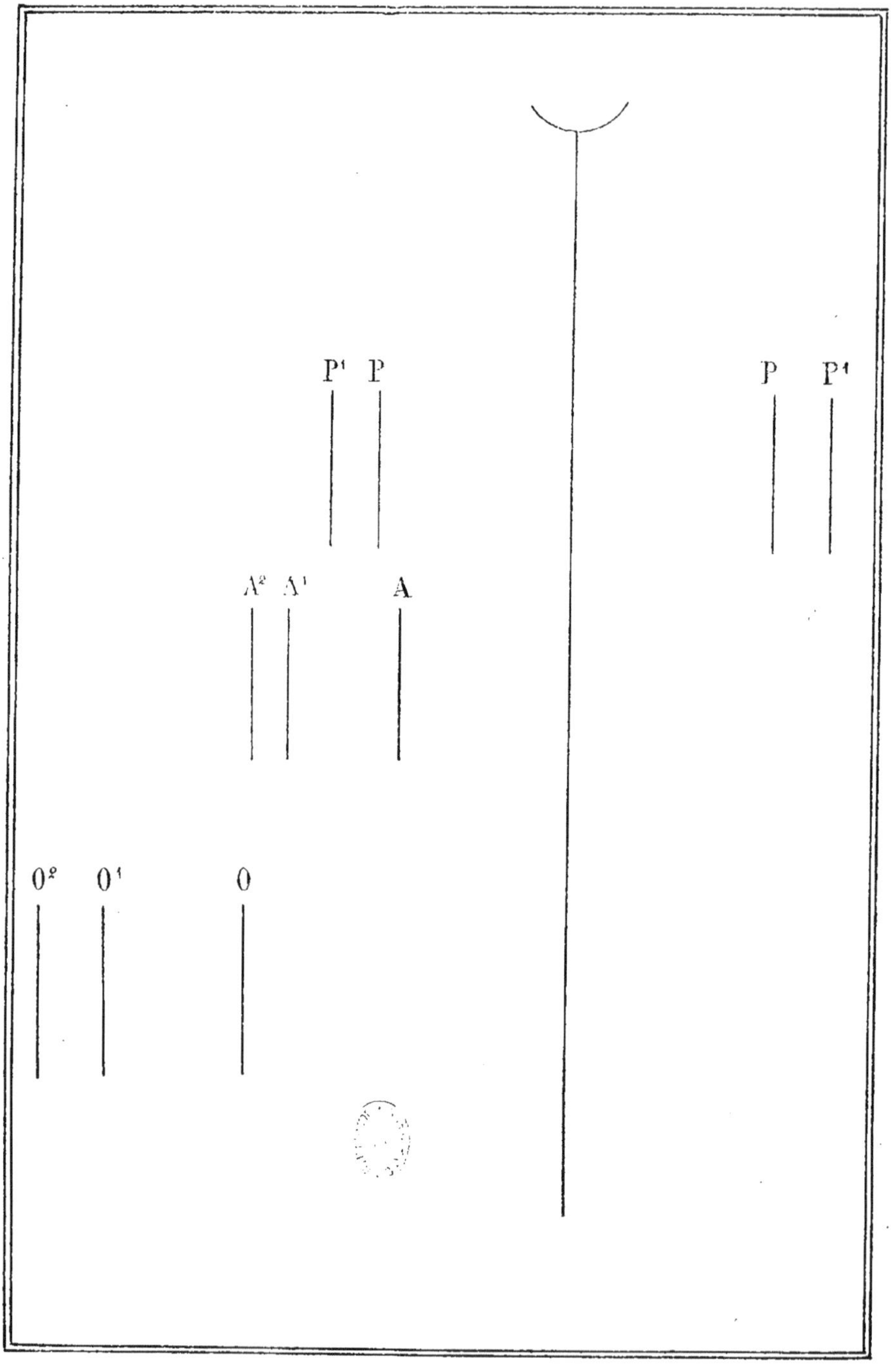

P^1 P

P P^1

A^2 A^1 A

0^2 0^1 0

aussitôt facile; les organes précités reprennent leur volume normal, et le sujet dit éprouver de la chaleur se répandant dans les membres inférieurs.

Voilà trois faits, dilatation de la crosse aortique, du ventricule gauche et contraction des poumons, provoqués par l'élévation de la pression artérielle. Les deux premiers s'expliquent facilement puisqu'ils sont les signes de cette hypertension sanguine. Quant au troisième, comment l'interpréter? Les expériences de E. Cyon ont démontré que le nerf dit *dépresseur* est un nerf sensible, attendu que son excitation cause de la douleur; de plus, la dilatation du ventricule gauche constatée dans les observations précitées ne peut avoir lieu sans occasionner une *surexcitation de l'endocarde et des nerfs sensibles du cœur*. Ces nerfs se rendent aux centres d'origine des nerfs vagues et vaso-moteurs. Or, en présence de la contraction des poumons qui succède à la dilatation du ventricule gauche, je me demande si cette contraction n'est pas l'expression d'un effet réflexe dont le point de départ serait dans la surexcitation de l'endocarde gauche? Cette théorie donne une interprétation plus rationnelle des faits observés que celle de E. Cyon, attendu qu'il est paré à la dilatation du ventricule gauche par une diminution de son alimentation provoquée par la contraction des poumons. S'il en est ainsi que les faits que j'ai observés me le font penser, le nerf de Cyon mériterait mieux la dénomination de *nerf régulateur de l'alimentation du cœur gauche*, puisqu'il serait chargé, quand le ventricule gauche est trop distendu, de donner le signal destiné à rétrécir momentanément les ouvertures des écluses cardiaques.

CHAPITRE IX

DU ROLE DU PNEUMOGASTRIQUE DANS LE FONCTIONNEMENT DU COEUR

§ 62. — *La section des pneumogastriques ne cause pas la mort par paralysie du cœur comme le croyaient les anciens physiologistes. Expériences de Le Gallois.*

Le pneumogastrique, ainsi dénommé parce qu'il se rend principalement aux poumons et à l'estomac, naît apparemment sur le sillon latéral du bulbe rachidien et s'unit, au-dessous du trou déchiré postérieur, avec la branche interne du spinal. En raison de son mode étendu et compliqué de distribution, ce nerf a été appelé *vague* ou *vago-spinal,* par suite de sa fusion avec la branche interne du spinal. Malgré sa dénomination ce nerf n'en est pas moins aussi un nerf cardiaque,c'est-à-dire qu'il fournit des filets au plexus cardiaque. Toutefois, il est vrai de dire que le grand sympathique lui en donne davantage.

S'il est un nerf qui a attiré l'attention des physiologistes et exercé leur sagacité, c'est assurément celui-ci. Depuis Ruffus d'Ephèse et Galien jusqu'à nos jours que d'expériences sur les nerfs vagues ; que de théories sur leur action ; et cela,sans que l'on soit encore parvenu à une connaissance exacte de son rôle physiologique. Je ne m'arrêterai pas sur les expériences de Piccollomini, Willis, Lower, Boyle, etc., qui attribuaient à l'arrêt du cœur la mort qui arrive après la vagotomie, ni sur celles de Dupuytren qui soutenait que les animaux vagotomisés mouraient par asphyxie, parce que, prétendait-il, l'oxygénation du sang ne peut se faire que sous l'influence du principe vital et par l'intermédiaire des nerfs.

J'arrive de suite à Le Gallois qui démontra que la mort survenant chez les animaux, immédiatement ou peu après la section des pneumogastriques, est due à la paralysie de la glotte. Ses expériences, rapportées dans son ouvrage sur le *principe de la vie*, constituent la partie vraiment intéressante de ce travail (1)

D'après ce physiologiste, la section des nerfs vagues paralyse les muscles du larynx, notamment les crico-aryténoïdiens postérieurs dilatateurs de la glotte. Alors, sous l'influence de la pression de l'air, les cartilages aryténoïdes et les cordes vocales se rapprochent dans l'inspiration, s'opposent au passage de l'air et causent l'asphyxie par *aérohypotasie* des conduits aérifères. Chez les jeunes animaux, ce mode d'asphyxie se manifeste rapidement parce que, en raison du peu de développement des apophyses antérieurs des cartilages aryténoïdes et de la souplesse des diverses parties du larynx, la glotte se ferme plus facilement et plus complètement au moment de l'inspiration, tandis que chez les animaux adultes, ces cartilages se rapprochent moins, et laissent entre eux un espace appelé *glotte intercartilagineuse* qui livre passage à l'air.

J'ai pratiqué plusieurs fois sur le lapin la vagotomie. Ces expériences m'ont permis de faire un rapprochement avec quelques phénomènes observés chez les enfants atteints de croup. Ainsi les inspirations du lapin sont prolongées et provoquent au niveau du larynx un bruit sec et vibrant, surtout lorsqu'elles se précipitent sous l'influence des mouvements. Ce qui frappe principalement, c'est le phénomène du *tirage*.

Par la trachéotomie on prolonge la durée de la vie chez les jeunes animaux ; mais, comme chez les adultes, et après une durée variable suivant les espèces, 2 jours chez le lapin, 4 à 5 chez le chien, la mort ne tarde pas à être la conséquence d'un embarras de la circulation pulmonaire dont je vais étudier le mécanisme.

(1) Expériences sur le principe de la vie, p. 160 et suiv. Paris 1812.

ARTICLE I

ACCÉLÉRATION DES MOUVEMENTS DU CŒUR APRÈS LA DOUBLE VAGOTOMIE

L'accélération des mouvements du cœur, consécutive à la double vagotomie, ne prouve pas que les nerfs vagues exercent une action modératrice sur les battements de ce viscère. La fréquence des battements est la conséquence d'un embarras de la circulation pulmonaire et de l'abaissement consécutif de la pression artérielle, et non de la suppression d'une prétendue influence de ces nerfs sur le cœur.

§ 63. — *Section des pneumogastriques. — Ses effets sur la circulation pulmonaire et par suite sur le débit du cœur droit et sur l'alimentation et le débit du cœur gauche.*

S'il est deux faits qui ont frappé les expérimentateurs à la suite de la section des nerfs vagues, chez les animaux à sang chaud, ce sont le ralentissement des mouvements respiratoires et l'accélération des battements du cœur.

Tandis que normalement ces deux phénomènes sont dans le rapport constant de 1 : 4, ce rapport cesse après la double vagotomie. Aussitôt la respiration se ralentit et le cœur s'accélère. Mayer de Bonn, cité par Bérard (1), ayant étudié cette question avec soin, a constaté que sur un âne, qui respirait 17 fois par minute et dont le cœur battait 34 fois avant la section des vagues, le nombre des respirations descendit le premier jour de la section à 9 et celui des pulsations s'éleva à 120. Sur un chien dont, avant l'opération, le rapport des respirations et des pulsations était de 48 : 120, il observa que le premier jour de la vagotomie, ce rapport fut représenté dans la proportion de 10 : 236.

(1) Cours de physiologie, t. III, p. 471, Paris 1853.

Les physiologistes attribuent cette accélération des battements du cœur, après la section des deux nerfs vagues, à la suppression de l'influence modératrice et d'arrêt que ces nerfs exerceraient constamment sur le cœur.

Cette théorie, qui complique l'innervation du cœur en mettant en jeu un rouage dont on ne voit ni la nécessité ni même l'utilité, est, je n'hésite pas à le dire, complètement erronée. A l'encontre de cette thèse, je soutiens que la fréquence des battements du cœur, consécutive à la double vagotomie, est la conséquence indirecte des changements que cette opération apporte dans l'alimentation et le débit des deux cœurs. C'est ce qu'il me sera facile de démontrer.

Après la section des nerfs vagues, la pression artérielle s'abaisse. C'est un fait que Le Gallois a constaté. Il le signale page 209 de l'ouvrage déjà cité. Page 212, il écrit : « Le principal signe auquel on reconnaisse que le cœur est affecté après la section de la paire vague, est, comme je l'ai dit, une diminution dans la plénitude et la tension du système artériel, ce qu'on distingue assez facilement dans les carotides. » Cette diminution de tension, que Le Gallois attribue à tort au cœur, est un fait que j'ai également observé bien des fois après la double vagotomie. Aussi, je ne puis admettre l'opinion de Nuel qui soutient, que « la section des deux nerfs pneumogastriques accélère sensiblement les contractions cardiaques d'une manière durable, et augmente ainsi notablement la pression sanguine générale » (1).

L'abaissement de la pression artérielle est due à ce que, après la double vagotomie, le ventricule gauche n'envoie plus que de faibles ondées sanguines dans l'aorte. Ce fait, qui ne paraît pas avoir frappé les physiologistes ou n'a pas reçu l'interprétation qui lui convient, a été signalé depuis longtemps par Cl. Bernard. Cet illustre physiologiste a démontré, devant la Société de Biologie, qu'en adaptant un hémomètre

(1) D^re Ency. des Sc. méd., art. pneumogastrique, p. 215. Paris, 1888.

à l'artère d'un animal, on voit, à chaque battement de cœur, le mercure monter de 15 à 18 millimètres, tandis qu'après la section des deux pneumogastriques, il ne s'élève plus que de quelques millimètres (1).

Cette expérience prouve d'une façon incontestable qu'après cette section, le cœur gauche ne chasse plus, à chaque systole, qu'une faible quantité de sang dans le système artériel.

Si, dans ces conditions, le ventricule gauche chasse moins de sang, *c'est uniquement parce qu'il en reçoit moins*. Et la raison, pour laquelle son alimentation diminue et finit par être supprimée, c'est tout simplement parce que la double vagotomie apporte dans la circulation pulmonaire un ralentissement, un embarras, un arrêt, qui s'opposent au débit du cœur droit.

Cet embarras circulatoire s'accuse, chez les mammifères, par des lésions qui ont frappé tous les expérimentateurs. Ainsi, les poumons sont fortement congestionnés, mousseux à la coupe; les lobes inférieurs sont hépatisés ; les portions les plus denses jetées dans l'eau ne surnagent pas ; et les bronches sont remplies d'un liquide écumeux, sanguinolent.

Dans mes expériences sur le lapin, outre ces lésions, j'ai observé, dans les deux plèvres, un épanchement de sérosité sanguinolente ; le ventricule gauche était dur, revenu sur lui-même, ne contenant que quelques caillots filamenteux se continuant dans l'oreillette gauche : l'oreillette et le ventricule droits étaient au contraire très dilatés par le sang, et contenaient des caillots se continuant dans l'artère pulmonaire dans une étendue de plusieurs centimètres ; la congestion veineuse était prononcée dans le foie, la veine porte et les veines caves. En les piquant, le sang s'échappait en jet et avec abondance.

Ces lésions jointes à la vacuité des artères et à l'abaissement graduel de la pression artérielle constaté pendant la vie, montrent qu'après la double vagotomie, les animaux meurent par

(1) Comptes-rendus des séances de la Société de Biologie, t. I, p. 13.

une anémie cérébrale consécutive à l'embarras et à l'arrêt de la circulation pulmonaire.

§ 64. — *Interprétation des lésions pulmonaires provoquées par la section des nerfs vagues. De l'influence de ces lésions sur la circulation cardiaque et sur la fréquence des battements du cœur.*

Les faits précités étant bien établis, il s'agit maintenant d'expliquer comment la section des nerfs vagues entrave la petite circulation.

Pour bien comprendre ce phénomène pathologique, il faut le soumettre à diverses interprétations subordonnées elles-mêmes aux conditions dans lesquelles se fait l'expérience.

D'abord, si elle est exécutée sur un jeune mammifère, la mort arrive rapidement par suite de la paralysie des muscles dilatateurs de la glotte et de son oblitération. Elle s'explique comme celle qui a lieu toutes les fois qu'un obstacle quelconque s'oppose à l'entrée de l'air dans les voies aériennes.

Si l'expérience se fait sur un animal plus âgé, la mort n'arrive qu'après un ou plusieurs jours, comme chez les enfants atteints de croup et toujours par obstacle à l'entrée de l'air, toutefois assez incomplet pour en laisser passer une quantité suffisante pour permettre la survie.

Ces phénomènes morbides sont soumis à l'application de ma troisième loi de circulation pulmonaire ainsi conçue : *La circulation de l'air dans les conduits aérifères et celle du sang dans les vaisseaux pulmonaires sont des faits dans un état de tendance constante de suppléance corrélative, c'est-à-dire que si, par une cause quelconque, l'air ne peut pénétrer facilement dans l'arbre aérien, le sang afflue en plus grande abondance dans l'ensemble des vaisseaux du poumon et réciproquement.*

Pour l'exposé et la démonstration de cette loi, je renvoie le lecteur aux pages 71, 72 et suiv. de mon ouvrage déjà cité.

Quant à l'application que l'on doit en faire aux lésions pulmonaires provoquées par la double vagotomie, je renvoie également le lecteur aux pages 310 et suiv. du même ouvrage, où est expliqué le mécanisme de l'hémostase pulmonaire occasionnée par obstacle à l'entrée de l'air dans les conduits aérifères.

Ce mécanisme n'étant que partiellement applicable aux cas où la section des nerfs vagues laisse les voies laryngiennes libres, ou dans lesquels on pratique la trachéotomie, il faut pour expliquer l'hémostase des poumons, dans ces cas, faire intervenir d'autres facteurs qui ne sont pas sans jouer aussi, dans les vagotomies suivies de la paralysie de la glotte, un rôle qui toutefois n'est alors que secondaire.

Ces facteurs sont le ralentissement des mouvements respiratoires et la paralysie sensitive et motrice des poumons.

Après la double vagotomie, le besoin de respirer diminue. Les impressions, partant d'un poumon affaissé par l'expiration, ne peuvent plus être conduites au bulbe pour provoquer un mouvement inspirateur ; de même celles, partant d'un poumon distendu n'y arrivant pas davantage, ne peuvent inciter le mouvement expirateur.

Ces faits mis en lumière par les expériences de Hering et Breuer expliquent le ralentissement des mouvements respiratoires et l'exagération des inspirations. Or, comme d'après la quatrième des lois de la circulation pulmonaire que j'ai formulées (voir ouvrage cité p.71 et suiv.), la circulation du sang dans les poumons se ralentit, s'arrête ou s'accélère suivant que les mouvements respiratoires se ralentissent, se suspendent ou se précipitent, il en résulte forcément qu'avec des respirations dont le nombre est réduit à la moitié, ou au tiers ou au quart du chiffre normal, le cours du sang se ralentit considérablement dans les vaisseaux pulmonaires, que le débit du cœur droit devient incomplet et l'alimentation du gauche insuffisante.

De plus, les pneumogastriques fournissent la sensibilité

aux poumons et surtout à la muqueuse tapissant les conduits aérifères. Les expériences de Brachet ont démontré que les corps étrangers mis en contact avec cette muqueuse provoquent la toux lorsque ces nerfs sont intacts, tandis qu'après leur section, les mêmes corps ne causent aucun effet (1). Comme conséquences, les mucosités restent, et parfois des matières étrangères pénètrent dans les voies aériennes, sans que l'animal en ait conscience et fasse des efforts de toux pour s'en débarrasser. Continuant à s'accumuler dans les conduits, elles s'opposent au passage de l'air, à la dilatation des poumons, occasionnent la congestion des lobules desservis par les conduits obstrués, et l'animal meurt comme un submergé.

Les mêmes nerfs jouent aussi à l'égard des poumons, le rôle de nerfs moteurs en excitant la contraction des fibres musculaires des conduits aérifères. Ces fibres, bien décrites par Reissessen, étaient connues du temps de Haller qui avait constaté leur action resserrante. Mais, c'est aux expériences du Dr William que l'on doit la connaissance de la propriété contractile des poumons (2). Plus tard Longet, Schiff et Wolkmann, ensuite P. Bert, Fr. Franck etc., ont démontré que cette contractilité entre en jeu par l'excitation des nerfs vagues. Dans mes recherches sur le mécanisme de l'influence des passions sur le cœur, je montrerai qu'il est facile de provoquer chez l'homme, la contraction des poumons par des excitations portant soit sur le tronc, soit sur les extrémités centrifuges de ces nerfs, ou sur d'autres nerfs de la sensibilité.

Il résulte forcément de ces faits que la double vagotomie abolit la contractilité des deux poumons et les paralyse. Sous l'influence de cette paralysie les vaisseaux capillaires, qui tapissent la muqueuse des alvéoles et celle des bronchioles riches en fibres musculaires, n'étant plus maintenus par le *tonus* de ces fibres, ni comprimés par leur contractilité, se

(1) *Rech. exp. sur les fonct. du syst. nerv. gangl.* p. 156 et suiv. Paris, 1830.

(2) *Gaz. méd.* p. 517, 1841.

laissent distendre par le sang ; d'où congestion des poumons et embarras de la circulation pulmonaire. En outre, comme effet de cette congestion il se produit des exsudations séreuses, qui, grâce à la paralysie sensitive et motrice de ces viscères, s'accumulent dans les lobules pulmonaires, puis, peu à peu, dans l'ensemble des conduits aérifères, et finissent par causer la mort par arrêt de la circulation pulmonaire et écume bronchique comme dans la submersion.

A ces causes de congestion des poumons par suite de la double vagotomie, je me demande s'il ne faut pas y ajouter la paralysie vaso-motrice des vaisseaux pulmonaires consécutive à l'abolition des excitations stomacales ?

Un fait certain pour moi c'est que les impressions agissant sur la muqueuse stomacale provoquent la contraction des poumons et accélèrent la marche du sang dans le cœur gauche. Pour ce moment où je rédige ces lignes, je citerai le fait suivant : un jeune homme de 25 ans examiné le 15 août 1896 a les bords antérieurs des deux poumons qui se touchent sur la ligne médio-sternale et l'OG qui mesure 5 ctm. Je lui fais prendre un verre de genièvre et constate après 10'' que cette cavité a augmenté supérieuremeut de 2 ctm. ; les poumons percutés au bout d'une demi-minute ont leurs bords antérieurs écartés de plus de 6 ctm. ; peu après je vois que l'OG a diminué. Ce fait est-il dû exclusivement à la contraction des poumons, ou aussi à celle des vaisseaux qui s'y associerait ? Il m'est difficile de répondre expérimentalement à cette question. Toutefois, en voyant l'influence que les excitations stomacales ont sur les petits vaisseaux périphériques dont les contractions font pâlir et refroidir la peau, il m'est permis de soutenir qu'une telle influence doit également s'exercer sur les vaisseaux pulmonaires.

Si les excitations gastriques causent de tels effets, on est autorisé à penser que normalement, les impressions partant de l'estomac maintiennent par l'action des nerfs vaso-moteurs, le *tonus* des vaisseaux pulmonaires.

S'il en est ainsi — et rien ne me paraît contraire à cette thèse — on comprend qu'après la section des nerfs vagues, l'action excito-gastrique sur le centre vaso-moteur étant abolie, les vaisseaux pulmonaires perdent leur *tonus* et se laissent dilater par le manque d'une excitation réflexe. Ce qui dépose en faveur de cette théorie que je n'émets qu'avec une certaine réserve, c'est que dans les maladies où la muqueuse gastrique, altérée, atrophiée, a perdu de sa sensibilité, comme dans l'alcoolisme chronique, on observe fréquemment dans le poumon des lésions où l'élément congestif domine.

Les conclusions qui s'imposent à la suite de cette discussion c'est :

1° Que la fréquence des battements du cœur qui succède à la double vagotomie n'est nullement due à la suppression d'une action frénatrice que les nerfs vagues exerceraient sur les systoles cardiaques ; 2° que ce fait est la conséquence d'un abaissement de la pression artérielle consécutive à l'embarras de la circulation pulmonaire occasionné par la section des nerfs vagues, et qu'il s'explique facilement par la loi de Marey ; 3° qu'il est également la conséquence de la dilatation du cœur droit, qui, vivement excité par l'accumulation du sang, s'efforce de se vider par des battements fréquents et énergiques comme après la ligature des veines ou des artères pulmonaires.

Ce qui corrobore ces conclusions c'est que d'après Soltmann, la section des nerfs vagues n'accélère pas les battements du cœur chez les *animaux nouveaux-nés* ; ce qui s'explique en réfléchissant que la double vagotomie ne peut produire, chez ces animaux, le même embarras de la circulation pulmonaire avec toutes ses conséquences, attendu que la persistance du trou de botal y supplée.

C'est ensuite la fréquence du pouls dans les maladies pulmonaires, remarque déjà faite par Marey dans sa *physiologie médicale de la circulation du sang*. Dans ces maladies il se produit toujours, dans la petite circulation, des obstacles qui entravent plus ou moins le cours du sang. Cet embarras circulatoire s'accuse, ainsi que je le démontrerai plus bas, par une dilatation de l'OD et de l'artère pulmonaire; une diminution de la crosse aortique et de la pression artérielle; et une accélération du pouls, surtout dans les cas où cette pression a notablement baissé. Alors, il suffit, comme je l'ai observé par centaines de fois, de dissiper cet embarras ou de l'amoindrir, pour constater des phénomènes contraires. C'est ainsi que s'explique le relèvement du pouls observé par les anciens médecins à la suite des saignées pratiquées dans la pneumonie.

Enfin, je signalerai encore un fait en faveur de ma théorie : c'est que la double section des nerfs vagues n'accélère pas le cœur des animaux à sang froid, tels que les reptiles, les grenouilles, les tortues. Si cependant cette accélération, observée chez les animaux à sang chaud à la suite de la vagotomie, était due à la suppression d'une action modératrice des nerfs vagues sur le cœur, pourquoi ne se manifesterait-elle pas chez la grenouille et autres animaux à sang froid ? Et puisqu'elle fait défaut, quelle en est la cause ?

La raison pour laquelle le cœur de la grenouille ne s'accélère pas après la double vagotomie réside dans la conformation de ce viscère, d'après laquelle un embarras de la circulation pulmonaire ne peut occasionner un abaissement de la pression artérielle. En effet, chez cet animal, comme dans la généralité des reptiles, il n'y a qu'un ventricule avec deux oreillettes. Les contractions de ce ventricule chassent à la fois le sang dans les poumons par le petit cercle circulatoire, et dans le reste de l'organisme par le grand cercle. Par suite de cette disposition tout embarras de la circulation pulmonaire, loin de faire baisser la pression artérielle, tend plutôt à l'élever, attendu que le sang qui ne peut pas circuler dans les poumons, doit passer forcément dans l'aorte.

ARTICLE II

LE RALENTISSEMENT ET L'ARRÊT DES MOUVEMENTS DU CŒUR PROVOQUÉS PAR L'EXCITATION DE LA MOELLE ALLONGÉE OU DES NERFS PNEUMOGASTRIQUES, NE SONT PAS DUS A UNE ACTION MODÉRATRICE ET FRÉNATRICE DE CES NERFS SUR LA CONTRACTILITÉ DU CŒUR. REVUE CRITIQUE DES THÉORIES ÉMISES A CET ÉGARD.

§ 65. — *Division des physiologistes sur le rôle cardiaque des pneumogastriques.*

Après les développements dans lesquels je viens d'entrer, il faut donc renoncer à s'appuyer sur l'accélération des battements du cœur consécutive à la double vagotomie, pour soutenir que les nerfs vagues ont pour rôle de modérer les mouvements de ce viscère et même de les arrêter. Cette thèse ne peut plus être défendue qu'en invoquant les expériences dans lesquelles le cœur se ralentit, ou s'arrête par suite de l'excitation du bulbe ou des nerfs précités.

S'il est une question qui, depuis les frères Weber jusqu'à nos jours, a passionné les physiologistes et exercé leur sagacité, c'est assurément celle-ci. Comme il serait trop long, et d'ailleurs sans grand profit, de faire l'exposé des débats qu'elle a soulevés, je me bornerai à rappeler que les physiologistes se sont divisés en deux camps. Les uns, ayant observé avec Wilson, Philip. Schiff, Moleschott, Hutsmid, Longet, Béclard, Arloing et Léon Tripier, etc., que les faibles excitations des pneumogastriques accélèrent les mouvements du cœur et élèvent la pression artérielle, ont conclu que ces nerfs sont les moteurs du cœur. Quand on leur objectait, — ce que d'ailleurs ils constataient — que les excitations fortes des mêmes nerfs ralentissent et arrêtent pendant quelques instants les battements du cœur, ils répondaient par la théorie de l'épuisement nerveux.

Les autres, avec Bezold, Pflüger, Brown-Séquard, Cl. Bernard, Vulpian, etc., ont nié l'action excito-motrice des pneumo-gastriques sur le cœur et les ont considérés, conformément à la théorie émise par E. Weber, comme *des nerfs d'arrêt*, tout en interprétant différemment le mécanisme de leur action. C'est aujourd'hui la théorie généralement admise.

§ 66. — *Examen de la théorie de Moleschott. — Explication de l'accélération du cœur et de l'élévation de la pression artérielle à la suite d'excitations faibles du bulbe rachidien ou des nerfs vagues.*

Schiff ayant abandonné la théorie de l'épuisement nerveux pour admettre celle des nerfs d'arrêt, je désigne celle-là sous le nom du physiologiste Moleschott qui le premier la soutint avec Schiff. Dans cette théorie les vagues seraient les nerfs moteurs du cœur. Ce qui le prouverait c'est, ainsi que je l'ai dit plus haut, que les faibles excitations portées sur eux accélèrent les battements du cœur et augmentent la pression artérielle. Si des excitations plus fortes causent des effets contraires, ce serait dû à ce que ces nerfs, étant d'une excitabilité plus délicate et plus fugace que celle des autres nerfs moteurs, se fatigueraient et s'épuiseraient plus vite.

Quoiqu'il en soit de cette explication qui n'est qu'une hypothèse non vérifiée, il est deux faits certains que les négations des partisans de la théorie des nerfs d'arrêt ne parviendront pas à détruire : ce sont l'élévation de la pression artérielle et l'accélération des battements du cœur, consécutives aux faibles excitations des nerfs vagues. Ces faits ont été parfaitement mis en lumière par Arloing et Léon Tripier.

Ces habiles physiologistes ont démontré, par leurs tracés artériels, qu'en galvanisant l'un des pneumogastriques avec un courant faible, il se produit une légère accélération du pouls et une élévation considérable de la pression artérielle ; tandis qu'avec un courant plus intense la tension s'abaisse au-dessous de la normale, et les battements du cœur se ralentissent légèrement. Si le courant est plus énergique, le cœur s'arrête un instant, la pression baisse beaucoup ; puis les mouvements du cœur reprennent avec lenteur (1).

De plus, ils ont remarqué que tel courant qui possédait, avant la section de la moelle en arrière du bulbe, l'intensité nécessaire pour arrêter le cœur, ne déterminait plus qu'un ralentissement après la section de celle-ci ; et que tel autre plus faible qui déterminait un ralentissement, était, après cette section, sans effet sur les contractions du cœur, ou entraînait parfois une légère accélération avec augmentation de la pression artérielle ; d'où ils ont conclu que la section de la moelle allongée diminue l'excitabilité des pneumogastriques (2).

L'accélération du cœur avec accroissement de la pression artérielle à la suite de courants faibles est un fait qui a été formellement nié par Bezold et Pflüger (1863 et 1865), qui ont prétendu que les courants faibles produisent sur le cœur les mêmes effets que les courants forts.

A cette assertion, Arloing et Tripier répondent que dans leurs expériences, ils ont pris toutes leurs précautions pour exciter seulement le cordon nerveux et n'augmenter que progressivement la force du courant, et qu'ils ont obtenu des résultats concordant avec ceux de Schiff et Moleschott. « Ainsi, disent-ils, un courant faible passant par l'un des pneumo gastriques, nous constatons une légère accélération du pouls et une élévation considérable de la pression artérielle ; avec un courant plus intense, la tension s'abaisse au-dessous de la pression normale, et nous notons, en même

(1) *Archives de Physiologie*, t. IV, p. 418, Paris 1871.
(2) Loc. cit., p. 414 et suiv.

temps, une légère diminution dans le nombre des battements ; avec un courant plus énergique le cœur s'arrête un instant, la pression s'abaisse énormément et les pulsations reprennent, mais se succèdent lentement (1) ».

Je considère comme exacts les faits observés par Schiff, Moleschott, Longet, Béclard, Arloing et Tripier, etc., c'est-à-dire, l'accélération des battements du cœur et l'élévation de la pression artérielle sous l'influence d'excitations faibles des pneumogastriques ; seulement je les interprète tout autrement. Tandis que la plupart de ces physiologistes les ont expliqués en admettant une *action motrice directe des vagues sur le cœur*, je pense qu'ils sont la conséquence de changements apportés dans l'alimentation et le débit du cœur gauche, par les contractions que les excitations des vagues provoquent dans les poumons et dans les viscères tels que l'estomac et la rate.

Sous l'influence de la galvanisation de ces nerfs dont les filets nerveux se rendent aux plexus pulmonaire et cœliaque, ces plexus sont excités directement et aussi en vertu de cette propriété des nerfs appelée par Dubois-Reymond *force électro-tonique* qui, elle-même, permet d'expliquer un autre phénomène fort curieux que ce physiologiste a désigné sous le nom de *contraction paradoxale*. L'excitation du plexus cœliaque détermine des contractions de l'estomac, des intestins et de la rate qui compriment leurs vaisseaux. Ces organes, en raison de leur énorme vascularité, refoulent une partie du sang artériel qu'ils contiennent vers la crosse de l'aorte et contre les valvules sigmoïdes. Ce remous cause sur ces valvules une excitation, déjà signalée par Sénac, qui, jointe à l'élévation de la tension artérielle, a pour effet d'accélérer les battements du cœur en vertu de la pression endocardienne. Ces explications ne sont pas de simples vues de l'esprit ; elles ne sont que l'expression de faits bien observés. Ainsi, je montrerai dans

(1) Loc. cit., p. 418.

mon travail sur le mécanisme de l'influence des passions sur le cœur, que l'électrisation des vagues détermine des contractions de la rate et de l'estomac qui ont pour effet immédiat la dilatation de la crosse de l'aorte. En ce moment, 23 septembre 1896, j'observe un jeune homme de 22 ans une heure après son dîner. Les bords antérieurs des poumons se touchent supérieurement; la limite aortique est, le sujet debout, à 25 mm. de la ligne M S; la rate mesure 10 ctm. 1/2 et son pouls donne 17 pulsations par quart de minute. J'électrise le nerf vague droit du cou à l'épigastre, avec un courant faible mais toutefois bien senti. Chaque fois le pouls atteint dans le premier quart 21 pulsations ; l'aorte se dilate et sa limite passe à 37 mm. de la ligne M S ; les bords antérieurs des poumons s'écartent de 4 ctm. 1/2 ; bientôt, dans le cours de la seconde moitié de la première minute la limite de l'aorte ne passe plus qu'à 17mm. de la ligne M S, et le pouls ralenti tombe à 17. La rate examinée vers la fin de la première minute a diminué supérieurement de 2 ctm , elle est à 8 ctm. 1/2.

A l'appui de cette thèse je citerai une expérience de Cl. Bernard dans laquelle il rapporte que « si l'on galvanisait les bouts inférieurs des vagues, on voyait aussitôt, avec l'arrêt de la circulation, des mouvements péristaltiques se faire dans le ventre et les liquides de l'estomac remonter par l'œsophage et sortir par le nez (1) ».

Il n'y a pas seulement que les contractions de la rate, de l'estomac et des intestins qui ont pour effet d'élever la pression de la crosse aortique et d'accélérer les mouvements du cœur ; celles de l'utérus causent les mêmes phénomènes. Il y a longtemps que les accoucheurs ont remarqué que le pouls s'accélère pendant la douleur. D'après Holl, qui a bien étudié l'influence des contractions utérines sur la circulation de la mère, le pouls s'accélère, en général, dès que commence la contraction ; sa vitesse augmente à mesure qu'elle s'accroît, puis

(1) *Leçons sur la phys. et la path. du syst. nerv.* t. II, p. 389, Paris, 1858.

diminue avec elle, pour reprendre petit à petit son type normal. Le rapport si intime qui unit ces deux phénomènes a toujours frappé les accoucheurs qui, jusqu'à ce jour, n'ont pu l'expliquer. Cependant rien n'est plus facile : chaque contraction de l'utérus provoque dans ce viscère un ralentissement et même un arrêt de sa circulation. Ce qui le prouve, c'est l'affaiblissement du souffle utérin qui devient imperceptible au fort de la contraction. Ces contractions causent un remous du sang vers la crosse de l'aorte, et une élévation de la pression artérielle comme le ferait la compression de ce vaisseau. Ce fait est facile à démontrer sur la crosse de l'aorte par la plessimétrie qui établit qu'à chaque contraction utérine ce vaisseau se dilate. Je l'ai constaté bien souvent et de nouveau il y a peu de jours, sur une jeune dame. Dans l'intervalle des contractions, la limite de la crosse passait à 2 ctm. 1/2 de la ligne M S, et le pouls donnait 100 pulsations. Pendant les douleurs préparantes, l'aorte se dilatait au point que sa limite arrivait à 4 ctm. 1/2 de la ligne M S. et le pouls s'élevait à 120.

Une autre preuve que l'élévation de la pression artérielle n'est pas due à l'accélération du cœur et que ce dernier phénomène est une conséquence du premier, m'est fournie par la figure 2, du mémoire d'Arloing et Tripier, dont je reproduis le tracé A.

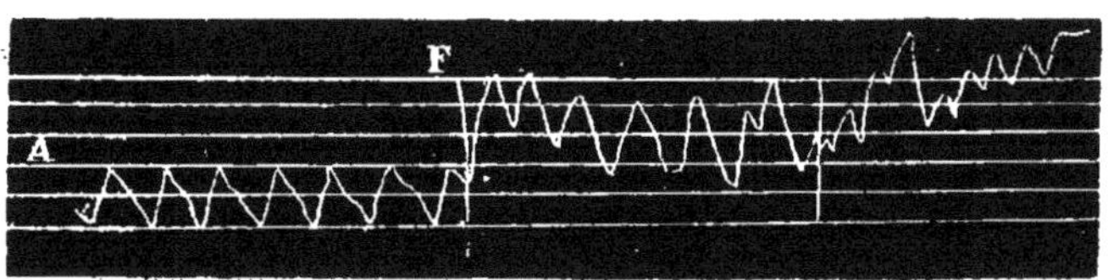

En examinant ce tracé, on voit qu'à partir de F, moment où le courant est appliqué la ligne ascendante du tracé s'élève brusquement, ce qui indique une élévation rapide et considérable de la pression artérielle. Or, tout en admettant que l'ondée sanguine qui suit la galvanisation des vagues soit plus forte — ce qui est exact — elle ne peut à elle seule élever ainsi la tension artérielle. Ce fait, qui ne s'explique, comme je viens de le dire, que par la contraction d'organes très vasculaires tels que l'estomac, la rate, etc., devient cause de l'accélération cardiaque.

Toutefois, il importe de faire remarquer que l'accélération du cœur n'est pas due exclusivement à l'augmentation de la pression artérielle ; elle dérive aussi d'un autre facteur qui lui-même découle de la même source. En effet, l'excitation des vagues provoque non seulement la contraction de l'estomac, de la rate, etc., mais aussi celle des poumons. Sous cette influence, le sang est chassé en plus grande abondance dans l'oreillette et le ventricule gauches dont les contractions s'accélèrent forcément. Il en résulte donc que l'élévation du nombre des battements du cœur à la suite des galvanisations faibles des vagues est, comme je l'ai dit plus haut, la conséquence des changements apportés dans l'alimentation du cœur qui est momentanément plus abondante, et dans son débit devenu brusquement plus difficile.

A ces causes d'accélération du cœur, il faut joindre l'impulsion imprimée à la marche du sang veineux par la contraction des viscères abdominaux.

Je me hâte d'ajouter que ces changements ne tardent pas à faire place à d'autres tout-à-fait contraires. Ainsi, pour peu que la galvanisation des vagues continue, la contraction des poumons apporte dans la petite circulation une entrave, qui diminue ou arrête même l'alimentation du cœur gauche et abaisse considérablement la pression artérielle.

Cette action sur le cœur, du sang, qui y est foulé et refoulé par les mécanismes que je viens d'indiquer, se manifeste dans d'autres circonstances par des moyens qui produisent un effet identique. « Si, écrit Sénac, on presse le ventre d'un animal épuisé, si on comprime le thorax, l'action du cœur se ranime, ses contractions deviennent plus rapides, les cris que fait cet animal, les efforts et les douleurs élèvent de même le pouls, et donnent par conséquent un surcroît d'action aux ressorts du cœur (1). »

La réalité des faits que je signale dans ce paragraphe sera plus amplement démontrée dans mon travail sur le mécanisme de l'influence des passions sur le cœur.

§ 67. — *La section de la moelle allongée ne diminue pas l'excitabilité des pneumogastriques.*

Quant à la nécessité d'employer, après la section de la moelle allongée, des courants plus intenses pour obtenir le ralentissement et l'arrêt du cœur, je ne partage nullement l'opinion d'Arloing et Tripier qui ont expliqué ce fait en disant que la section de la moelle diminuait l'excitabilité des pneumogastriques, et que par conséquent, il fallait des courants plus énergiques pour qu'ils entrassent en action. Cette explication n'est pas fondée. Pour comprendre ces phénomènes il faut se rappeler qu'après la section de la moelle allongée, la vie ne peut continuer que par la respiration artificielle ; que ce mode de respiration entretient la circulation pulmonaire et lui imprime généralement, d'après la manière dont on l'exécute, plus de vitesse que la respiration normale ; que le sang est l'excitant ordinaire du cœur, et que l'irritation qu'il cause sur l'endocarde est d'autant plus vive qu'il est animé d'un mouvement plus rapide ; enfin il faut savoir, ainsi que je le démontrerai plus bas, que l'arrêt du cœur par la galvanisation des vagues ne peut être dû qu'à une cause annulant l'excitation sanguine endocardienne. Or, dans de telles conditions, il est nécessaire, puisque l'excitation endocardienne augmente d'intensité, que la cause qui doit l'annuler soit plus puissante ; d'où la nécessité d'employer des courants plus énergiques.

(1) *Traité du cœur*, t, I, p. 316.

§ 68. — *Examen de la théorie des frères Weber, et des diverses interprétations qu'elle a subies.*

En 1846, à peu près à la même époque, les frères Weber, Budge et Cl. Bernard constatèrent que la galvanisation des vagues ralentit le cœur et l'arrête en diastole. Ils conclurent de ce fait que les nerfs *excités* ont la propriété d'entraver la contraction du mésocarde, d'où la *théorie des nerfs d'arrêt*. Ce fait, déjà observé par Everard au siècle dernier, fut l'objet de diverses interprétations.

Brown-Séquard chercha à l'expliquer en soutenant que les pneumogastriques contiennent des filets vaso-moteurs dont l'excitation provoque la contraction des vaisseaux cardiaques et l'arrêt du cœur par anémie du myocarde. S'il est vrai que les contractions de ce viscère s'affaiblissent, et ne tardent pas à s'arrêter lorsque les artères coronaires sont liées ou obturées par des corpuscules emboliques, ce fait ne peut expliquer l'arrêt brusque consécutif à une forte excitation des vagues, arrêt qui d'ailleurs n'est jamais accompagné d'un changement de coloration indiquant l'anémie du cœur.

A cette explication qui n'eut pas grand succès, a fait suite la *théorie ganglionnaire*. Dans cette théorie on s'appuie sur ce que le cœur séparé de l'animal continue à battre en vertu des ganglions nerveux cardiaques qui joueraient le rôle de centres excito-moteurs. Des physiologistes tels que Bezold, Traube etc., ont même été jusqu'à admettre deux sortes de ganglions nerveux, les uns excitants les contractions cardiaques, et les autres les arrêtant. — Seulement, en imaginant ces théories, les physiologistes semblent avoir oublié, que dans les premiers jours de la vie embryonnaire, le cœur bat d'une façon rythmique sans posséder d'éléments nerveux, et qu'il accélère ou suspend ses battements sous l'influence de divers agents physiques.

Dans cette théorie, le mécanisme de cet arrêt serait une action *inhibitoire* exercée sur les cellules des ganglions cardiaques par l'excitation des vagues, ou, selon Cl. Bernard, un fait d'*interférence nerveuse* comparable, d'après les expériences de Grimaldi, à l'obscurité produite par deux rayons lumineux émanant d'une même source et se rencontrant sous un petit angle.

Selon une autre théorie, dite *musculaire*, les nerfs d'arrêt agiraient directement sur les fibres musculaires cardiaques dont ils diminueraient et aboliraient l'excitabilité.

Pour mieux soutenir cette théorie des nerfs d'arrêt de la contraction musculaire, tout à fait en désaccord avec ce que l'expérience journalière avait appris jusqu'alors sur les effets de l'excitation des nerfs moteurs, on s'est appuyé sur d'autres faits analogues, telles que la dilatation des vaisseaux de la glande sous-maxillaire, observée par Cl. Bernard, sous l'influence de l'excitation de la corde du tympan, et la suspension des contractions intestinales constatée par Pflüger à la suite de la galvanisation des grands nerfs splanchniques, de même que l'on s'appuie sur l'arrêt du cœur pour faire admettre ces derniers phénomènes. Cette façon de raisonner constitue une erreur de logique, attendu qu'il n'est pas possible de prouver ce qui est en question, en prenant pour base et comme démontré, ce qui est également en question.

En présence de ces théories, des divers arguments et surtout des faits contradictoires invoqués pour les soutenir, on devient très perplexe et l'on se demande où est la vérité au milieu de ce cahot scientifique.

Prétendre expliquer l'arrêt du cœur par une action inhibitoire des vagues sur les ganglions cardiaques, c'est encore répondre à la question par la question même. Invoquer un fait d'*interférence nerveuse*, c'est émettre une hypothèse non vérifiée. Dire que l'excitation des nerfs vagues diminue et abolit momentanément l'excitabilité des fibres musculaires du cœur, c'est avancer une autre hypothèse contre laquelle l'expérience dépose.

§ 69. — *L'excitation de la moelle allongée ou des pneumogastriques arrête les mouvements du cœur par anesthésie de l'endocarde.*

Je vais m'efforcer de jeter, du moins je l'espère, un peu de lumière sur cette obscure question, en exposant les principaux faits connus qui s'y rattachent, en les rapprochant de ceux fournis par mes expériences, et en tirant de leur ensemble et de leurs rapports les conclusions qui en découlent.

A. — Phénomènes cardiaques relatifs à l'excitation de la moelle allongée et des pneumogastriques.

Il est établi :

1° Qu'une faible excitation des vagues accélère les battements du cœur, que plus forte elle les ralentit et même les arrête ;

2° Que cette excitation ne suspend jamais une systole existante ; elle ne fait sentir son action qu'en retardant ou en empêchant une nouvelle systole ;

3° La galvanisation des vagues, tout en arrêtant les battements du cœur, ne paralyse pas sa fibre musculaire. La preuve, c'est qu'une excitation quelconque de ce viscère provoque sa contraction et fait même renaître la suite des systoles. J'ai observé plusieurs fois ce fait, en pressant entre les doigts un cœur arrêté par la galvanisation des vagues ou en l'électrisant;

4° Que la durée de l'arrêt du cœur est variable, mais ne dépasse guère une demi-minute chez les mammifères, tels que le chien et le lapin ; qu'ensuite le cœur reprend peu à peu ses mouvements.

5° Que lorsque la galvanisation des vagues est répétée, elle finit par ne plus avoir d'effet sur le cœur.

6° Que pendant son arrêt la tension artérielle baisse ; que le cœur, surtout le droit, se dilate, et que sa surface prend une teinte violacée due à la tension veineuse qui s'élève ;

7° Que l'arrêt du cœur par l'excitation des vagues est l'effet d'une action centrifuge directe, attendu qu'après avoir coupé ces nerfs, on n'obtient cet arrêt qu'en excitant les bouts périphériques.

8° Que d'après Arloing et Tripier, la galvanisation du vague droit produit un plus long arrêt du cœur que celle du gauche. Par exception, c'est quelquefois le gauche qui l'emporte.

9° Que lorsque l'on applique un électrode sur le bout périphérique d'une vague et l'autre sur le cœur, ses mouvements deviennent plus énergiques et plus rapides ;

10° Qu'enfin, d'après Nuel, « les faits montrent que tout ce qui exalte la contractilité du cœur amoindrit ou abolit l'action frénatrice du nerf vague, et que tout ce qui abaisse la contractilité, favorise l'effet cardio-inhibitoire de l'excitation de ce nerf (1). »

Les vagues étant des nerfs complexes par les diverses branches qui les constituent, quelles sont celles qui vont au cœur et que les physiologistes appellent fibres d'arrêt ?

B. — L'arrêt du cœur a lieu aussi bien par l'excitation des pneumogastriques que par la branche interne du spinal.

Avant d'étudier le mécanisme de l'arrêt du cœur par suite de l'excitation des nerfs vagues, il est une question, en quelque sorte préjudicielle, sur laquelle les physiologistes sont loin d'être d'accord et qu'il importe de résoudre.

Depuis Waller qui le premier a prétendu qu'après l'arrachement de la branche interne du spinal et sa dégénérescence, l'excitation du pneumogastrique n'a plus d'action sur le cœur, la plupart des physiologistes s'empressent de faire remarquer que c'est au spinal que le pneumogastrique doit son action cardiaque; aussi ils le désignent sous le nom de vago-spinal.

Pour élucider ce sujet il faut revenir à Cl. Bernard qui a fait de ces nerfs une étude approfondie.

(1) *Dre Ency. des Sc. méd.*, art. pneumogastrique, p. 221, Paris 1888.

Les résultats obtenus par ce grand physiologiste dans ses expériences comparatives sur la section des nerfs spinaux et des nerfs vagues ont été résumés dans le tableau suivant :

Phénomènes propres à la paralysie des deux spinaux.	*Phénomènes propres à la paralysie des deux nerfs vagues.*
1° La voix est abolie ;	1° La voix est abolie ;
2° La respiration n'est pas troublée, le nombre des respirations n'est pas changé ;	2° La respiration est modifiée, le nombre des inspirations est considérablement diminué :
3° Le nombre des battements du cœur et celui des pulsations artérielles restent les mêmes ;	3° Les battements du cœur sont considérablement accélérés, et le nombre des pulsations artérielles est considérablement augmenté.
4° La digestion stomacale n'est pas dérangée, et les sécrétions gastriques s'accomplissent bien ;	4° La digestion stomacale est généralement troublée, ainsi que les sécrétions gastriques ;
5° La survie des animaux est constante et indéfinie.	5° La mort des animaux est constante et arrive en général après trois ou quatre jours (1).

Si l'on rapproche ce tableau près de ce qui est enseigné à propos des vagues, on voit que l'excitation de ceux-ci arrête le cœur, que leur section l'accélère, et qu'il doit cette propriété à la branche interne du spinal; tandis que Cl. Bernard prétend que la paralysie de ces derniers nerfs est sans effet sur la respiration et sur les mouvements du cœur. Vraiment, c'est à n'y rien comprendre !

Je dois aussi faire remarquer que, dans sa 13e leçon Cl. Bernard parle de l'arrêt du cœur à la suite de la galvanisation du pneumogastrique, mais qu'il ne fait pas mention d'avoir obtenu un effet semblable par la galvanisation de la branche interne du spinal.

D'autres physiologistes tel que Béclard soutiennent que l'excitant électrique produit l'arrêt du cœur, soit qu'on l'applique

(1) Cl. Bernard, leçons sur la physiologie et la pathologie du système nerveux. T II, p. 307, Paris 1858.

aux racines du pneumogastrique, ou à celles de la branche interne du spinal (1).

Budge a constaté que l'électrisation de la moelle allongée arrête le cœur. Or, l'on sait que les racines de la branche interne du spinal naissent de la moelle allongée immédiatement au-dessous de celles du pneumogastrique. Leurs connexions anatomiques sont telles que Willis rattachait à ce nerf la branche interne du spinal qui, pour lui, n'était représenté que par la branche externe qui tire son origine des filets naissant de la moelle cervicale. Ce n'est que depuis Scarpa, suivi par les modernes, que ces deux nerfs, à origine distincte, ont été décrits sous le nom de nerf spinal. Vu ces dispositions anatomiques, il serait bien étrange que l'excitation du bulbe produisant l'arrêt du cœur, ne serait conduite à ce viscère que par la branche interne du spinal, tandis que le pneumogastrique n'y serait pour rien. J'avoue qu'il me répugne d'accepter une semblable théorie, d'autant plus que les courants énergiques appliqués sur les filets cardiaques du grand sympathique provoquent aussi l'arrêt du cœur.

ARTICLE III

RELATION ET DISCUSSION DE FAITS ET D'EXPÉRIENCES DÉMONTRANT QUE L'EXCITATION DE LA MOELLE OU DES PNEUMOGASTRIQUES ARRÊTE LE CŒUR PAR ANESTHÈSIE DE L'ENDOCARDE.

Convaincu que toutes les théories proposées pour expliquer l'arrêt du cœur par l'électrisation des vagues, ne donnent pas satisfaction à l'esprit et ne sont pas fondées, j'ai bien souvent réfléchi sur cette question, lorsqu'un jour je fus frappé par un des faits que je viens d'exposer : c'est que la faradisation des pneumogastriques, tout en arrêtant le cœur en diastole, n'abolit pas sa contractilité, attendu que pendant le passage

(2) Traité de physiologie, 5e édition, p. 1015, Paris 1866.

du courant, il est facile de rétablir ses mouvements en l'excitant directement d'une façon quelconque. Bien mieux, dans mes expériences j'ai pu faire contracter le cœur par le courant qui l'arrêtait en procédant ainsi qu'il suit :

EXPÉRIENCE I

Démontrant sur un lapin qu'un même courant, qui arrête le cœur en passant dans les nerfs vagues, ranime ses battements si on le prolonge de manière à le faire par le cœur.

Le 10 octobre 1896 sur un lapin de taille moyenne les nerfs vagues sont mis à nu, liés et coupés ; la trachée est incisée et reçoit une canule munie d'un tube en caoutchouc ; la poitrine est ouverte et la vie maintenue par la respiration artificielle. Je fixe sur chaque électrode de la machine électrique deux cordons conducteurs dont l'un se termine par une épingle entourée de cire à cacheter dans une partie de sa longueur, l'autre par un court fil de cuivre à extrémité mousse.

Les deux électrodes appliqués sur le bout périphérique de l'un des vagues arrêtent le cœur en diastole. Pendant cet arrêt j'introduis dans la pointe du cœur l'électrode-épingle de manière à ce que la partie dépourvue de cire plonge complètement dans le ventricule gauche ; en même temps je fais appliquer sur la surface du cœur gauche le fil de cuivre à extrémité mousse. Par suite de cette disposition j'avais avec le même appareil deux courants : l'un passant par le nerf vague et l'autre allant de la surface externe à la surface interne du cœur. L'appareil étant en marche j'ai observé que le cœur au lieu de s'arrêter cumme précédemment battait avec une rapidité extrême. Et, aussitôt l'animal manifesta par ses mouvements les signes d'une vive douleur. Ces faits ne peuvent être attribués qu'à un meme courant dont l'action a pour effet, lorsqu'il passe par le bout périphérique des vagues, d'arrêter le cœur en diastole — par paralysie de la sensibilité de l'endocarde ainsi qu'on le verra plus bas, — tandis qu'il active ses mouvements lorsqu'il passe en même temps à travers les parois du cœur.

En retirant l'électrode appliqué sur le cœur gauche tout en laissant celui contenu dans l'intérieur, et en continuant d'électriser les vagues, j'ai vu que les battements du cœur conservaient leur rapidité, ce qui s'explique par le passage du courant à travers les fibres musculaires cardiaques.

EXPÉRIENCE II

Le 12 octobre 1896 j'ai répété sur plusieurs grenouilles une expérience analogue. Le cœur mis à nu et la tête coupée, j'applique un électrode sur le bulbe, et un second sur un nerf vague ; le cœur s'arrête immédiatement. Ensuite, je place sur le cœur les deux autres électrodes communiquant avec les mêmes fils que les premiers. Aussitôt le cœur se contracte avec énergie et rapidité — il se contracte également avec l'application d'un seul électrode par l'action excitante qui provient du courant qui s'établit entre cet électrode et celui opposé placé soit sur le bulbe ou le nerf vague.

Comment, en face de ces expériences, pouvoir encore soutenir que la galvanisation des vagues arrête le cœur par une action paralysante de sa contractilité, puisque avec le même courant appliqué, en même temps, soit sur les surfaces du cœur, soit l'un sur un nerf vague et l'autre sur le cœur, ce viscère reprend ses mouvements avec vitesse et énergie ? Évidemment, il faut conclure que cette théorie est fausse, attendu qu'une même cause ne peut produire sur le même organe des effets si opposés que la paralysie et la contractilité, surtout lorsque cette même cause appliquée de façon à provoquer les deux effets signalés n'en donne qu'un, *la contractilité*.

Un fait également frappant c'est qu'après avoir arrêté le cœur par l'électrisation des vagues, il suffit de déplacer un électrode et de le mettre sur ce viscère pour voir ses battements reprendre avec rapidité.

Voici encore une autre expérience qui donne des résultats qui ne sont pas sans analogie avec les précédents.

EXPÉRIENCE III

Empoisonnement d'une grenouille avec le curare

Ce batracien reçoit le 14 novembre 1896 une injection de 3 centigrammes de curare dissous dans un ctm cube d'eau. Forcé d'abandonner à 3 heures l'expérience, je ne revois l'animal qu'à 5 heures et constate qu'il est complètement paralysé. L'excitation électrique des nerfs lombaires ne produit aucune contraction dans les membres postérieurs, tandis qu'ils se contractent en excitant les muscles directement, ou en plaçant un électrode sur eux et un sur les nerfs lombaires. J'incise un bout de ces nerfs, le mets sur un morceau de papier tout en laissant dépasser une extrémitéque je laisse s'appliquer sur les muscles de la cuisse. Un électrode placé sur ces muscles et un autre sur le bout du nerf donnent lieu aux mêmes contractions. Cette expérience prouve : 1° que les nerfs transmettent le courant à la fibre musculaire comme le ferait un fil conducteur ; 2° que la contractilité est inhérente à la fibre musculaire; 3° que la paralysie n'est pas due à une action paralysante du curare sur les plaques terminales des nerfs moteurs, action qui provoquerait, comme l'ont soutenu Cl. Bernard et Vulpian, une interruption fonctionnelle entre les filets moteurs et la fibre musculaire, 4° que cette paralysie parait plutôt due à la perte de la force *électro-tonique* des nerfs bien mise en évidence par les expériences de Dubois-Reymond.

D'après les expériences précitées il faut admettre : 1° que l'électrisation des vagues n'arrête pas le cœur en exerçant une action paralytique sur ses fibres musculaires attendu que, pendant le passage du courant, il est facile de rétablir ses battements par une excitation directe ou par le prolongement du même courant sur les dites fibres qui se contractent ; 2° que cet arrêt n'est pas dû davantage à une action inhibitoire que l'excitation des vagues exercerait sur les ganglions nerveux du cœur, attendu qu'en laissant un électrode sur l'un de ces nerfs et en appliquant l'autre sur le cœur, il se remet à battre avec rapidité. Ce fait démontre bien que si l'arrêt du cœur était l'effet d'une inhibition de ses ganglions nerveux, provoquée par la force électro-tonique développée dans les vagues sous l'influence de son électrisation, il se produirait également en faisant passer le courant le long de ce nerf par un électrode appliqué sur lui, et un autre sur le cœur. Or, comme c'est le contraire qui a lieu, il faut conclure que cette hypothèse n'est pas plus fondée que la précédente.

D'autre part, tout le monde sait que la contraction du cœur, comme celle de tout autre muscle, exige deux conditions : *une excitation, et des fibres musculaires jouissant de leur propriété de contractilité.*

Par ce que je viens d'exposer il est démontré que si le cœur s'arrête par l'électrisation des vagues, *il n'en conserve pas moins sa contractilité.*

Alors donc, l'arrêt du cœur, qui se manifeste dans ces conditions, ne peut être attribué qu'à un défaut d'excitation. Pour tous les muscles creux la cause générale de leurs contractions, c'est leur contenu qui joue le rôle d'excitant. Il nous est surabondamment prouvé que pour le cœur, l'excitant normal de ses systoles c'est le sang. Or, ce liquide ne lui fait pas défaut au moment de son arrêt puisque ses cavités se dilatent. Il n'y a donc plus, par voie d'exclusion, qu'une hypothèse à invoquer : C'est d'attribuer l'arrêt du cœur à une paralysie momentanée de la sensibilité de l'endocarde occasionnée par l'électrisation des vagues, paralysie qui abolit l'action excitatrice du sang et par suite son effet moteur.

C'est à cette hypothèse que je me suis arrêté, et c'est elle que j'ai vérifiée par l'expérience.

Je mentionnerai d'abord en sa faveur que les violentes excitations douloureuses épuisent la sensibilité. Avant l'emploi du chloroforme, les chirurgiens avaient remarqué que les opérés supportaient mieux les douleurs d'une opération vers la fin qu'au début.

Les organes des sens se paralysent plus ou moins sous l'influence de vives excitations. Galien rapporte *(De usu partium, lib. X)* que Denys le Tyran frappait de cécité les malheureux qu'il faisait introduire dans des chambres très éclairées après les avoir privés longtemps de lumière. Un grand nombre de soldats de Xénophon, qu'il ramenait du fond de l'Asie, perdirent la vue en traversant les montagnes de l'Arménie, par l'effet de la réverbération de la neige. Dans ces cas la pupille reste immobile par suite de l'insensibilité de la rétine.

Pour juger que la sensibilité s'épuise par une vive excitation, il suffit de fixer un point brillant pendant un certain temps, et de reporter la vue sur un fond blanc pour apercevoir un point sombre de grandeur analogue au brillant. Même épuisement pour les couleurs. Si l'on fixe un pain à cacheter rouge collé sur une feuille de papier blanc, et que l'on jette ensuite la vue sur une feuille tout à fait blanche, on voit un disque analogue pour la grandeur à celle du pain à cacheter rouge. Ce fait montre que les éléments de la rétine, fatigués par les rayons rouges, ne transmettent plus, en recevant de la lumière blanche, que les rayons verts qui sont complémentaires du rouge.

Les bruits violents émoussent la sensibilité de l'ouïe ; ceux qui y sont soumis journellement ont l'ouïe dure, et beaucoup finissent par être atteint de surdité.

Les vives excitations des organes du goût et de l'odorat émoussent aussi et rapidement leur sensibilité.

L'excitation cérébrale par les travaux intellectuels affaiblit la sensibilité cutanée. Un médecin de Munich, Griesbach, a constaté, avec le compas de Weber, que le dimanche l'écart de la double perception cutanée est au front de 3 millimètres 1/2, tandis qu'il est de 12 et 1/2 après une heure d'arithmétique (1).

(1) *Journal de Médecine* de Lucas-Championnière, p. 685, année 1896.

Ces faits ne pouvant servir qu'à appuyer l'hypothèse précitée, j'ai tenu à la vérifier en me livrant à diverses expériences qui en établissent le fondement.

EXPÉRIENCE IV

Démontrant que la faradisation des nerfs lombaires abolit la sensibilité de la peau.

En septembre 1896, j'ai répété sur plusieurs grenouilles l'expérience suivante :

Après les avoir fixées sur une planchette au moyen d'épingles, j'ouvre l'abdomen et passe sous les nerfs lombaires d'un côté, le gauche par exemple, un tuyau de plume de poule. Ensuite, j'excite la peau et la membrane interdigitale de la patte gauche avec un pinceau trempé dans de l'acide sulfurique additionné de partie égale d'eau. J'observe que cette excitation détermine des contractions dans les deux membres postérieurs, et même dans les antérieurs quand elle est forte. En pinçant la peau je produis les mêmes effets. Après avoir constaté ces faits, j'électrise les nerfs lombaires gauches et vois que le membre correspondant se contracte et se tétanise, et que le droit est agité par des mouvements convulsifs.

Alors, toute excitation exercée sur la peau de la patte postérieure gauche reste sans aucun effet, quelle que soit son intensité, tandis qu'il suffit d'exciter la peau de l'une quelconque des trois autres pattes pour provoquer des contractions générales, même dans la patte gauche qui se raidit davantage. D'où, je conclus qu'un courant passant par les nerfs mixtes d'une patte de grenouille y abolit la sensibilité. Lorsqu'il est prolongé, la paralysie musculaire peut succéder à la tétanisation.

EXPÉRIENCE V

Je plongela patte postérieure d'une grenouille dans une solution de chlorhydrate de cocaïne au 1/20ᵉ pendant deux minutes, et ensuite dans de l'acide sulfurique étendu de partie égale d'eau. Ce n'est qu'au bout d'une quinzaine de secondes que l'animal retire la patte et s'agite un peu, tandis qu'en plongeant la patte opposée, immédiatement la grenouille la retire et est agitée par des mouvements généraux indiquant une vive douleur.

EXPÉRIENCE VI

Une expérience plus intéressante, que j'ai répétée sur plusieurs grenouilles, consiste à mettre à nu les nerfs lombaires d'un côté, du gauche par exemple, et à les maintenir soulevés en passant dessous un petit corps étranger. Alors, pendant que l'on fait passer un courant par les dits nerfs, les pattes des deux côtés se contractent. En plongeant les pattes de derrière dans un acide, j'ai constaté qu'avec une solution d'acide sulfurique au 1/5ᵉ les grenouilles retiraient la patte droite, tandis que la gauche restait immobile. Avec de l'acide azotique pur la patte droite faisait de nombreux mouvements, mais la gauche restait encore immobile. En cessant le courant, la patte droite continue à faire des mouvements de flexion, tandis que la gauche reste toujours immobile et ne se contracte que sous l'influence d'un courant. Ces expériences prouvent donc qu'un courant énergique abolit la sensibilité de la peau de la patte électrisée.

Ce pouvoir anesthésiant de l'électricité est surtout dû aux courants induits. Les physiologistes savent qu'*une excitation électrique portée sur un nerf est d'autant plus forte que le changement est plus rapide*. « Cette loi, écrivent E. Onimus et Ch. Legros, nous explique l'action puissante des courants induits, car ils possèdent au plus haut degré la propriété d'agir rapidement. Eux-mêmes sont produits avec une rapidité étonnante, et par conséquent ils parcourent le nerf avec une grande vitesse et en changeant promptement l'état moléculaire des éléments nerveux (1) ».

C'est à cette propriété que ces courants doivent leur action curative dans les névralgies.

Pour vérifier l'hypothèse de l'arrêt du cœur par insensibilisation de l'endocarde, les faits précités ne suffisant pas, il fallait arriver à prouver expérimentalement : 1° *que l'électrisation des vagues n'arrête pas le cœur lorsque l'on a augmenté l'excitabilité de l'endocarde par une injection intraventriculaire irritante;* 2° *que le cœur s'arrête brusquement, comme par l'électrisation des vagues, quand on paralyse la sensibilité de l'endocarde par une injection intraventriculaire anesthésiante.*

Ce sont ces faits que je me suis attaché à démontrer dans les expériences suivantes.

EXPÉRIENCE VII

Démontrant que la faradisation des vagues n'arrête plus les mouvements du cœur, lorsque l'endocarde est rendu plus excitable par l'injection intraventriculaire d'une infusion concentrée de thé alcoolisé.

Le 29 septembre 1896, sur un lapin de taille moyenne, une canule supportée par un tube de caoutchouc est introduite dans la trachée ; les deux nerfs vagues sont mis à nu, liés et coupés. L'électrisation de l'extrémité périphérique de l'un ou l'autre arrête le cœur et les pulsations des carotides. Ce viscère est mis à nu par la section longitudinale du sternum, et la vie entretenue par la respiration artificielle. Je la fais suspendre pendant près d'une demi-minute pour permettre au cœur gauche de se vider, et j'injecte dans ce ventricule, au moyen de la

(1) *Traité d'électricité médicale*, p. 273 Paris, 1872.

seringue de Pravaz, une quinzaine de gouttes d'une infusion concentrée de thé et de cognac, dont le mélange marque 15° à l'aéromètre de Gay-Lussac, et dont la température s'élève à 42° centigrade. Une épingle est ensuite introduite dans l'ouverture faite par la canule. Cette injection accélère les battements du cœur qui deviennent plus énergiques dans le ventricule gauche. Alors, la faradisation des extrémités péréphériques, soit du vague droit, soit du gauche, n'arrête à aucun moment les battements du cœur qui s'accélèrent malgré la faradisation. surtout si on irrite l'endocarde avec la pointe de l'épingle qui y est introduite.

Lorsque je fais suspendre la respiration artificielle, je remarque que les parois du cœur deviennent violacées et que l'animal s'agite. En reprenant cette respiration, les parois du ventricule gauche surtout pâlissent.

Je fais ensuite dans sa cavité une nouvelle injection de 20 gouttes du même mélange à 38°. Cette fois ce ventricule, trop distendu, est un instant frappé d'asystolie, c'est-à-dire qu'il se contracte plus faiblement et plus lentement ; mais une fois vidé il se comporte comme précédemment, et ne s'arrête pas par la faradisation des vagues.

Je ferai remarquer que ce manque d'arrêt ne peut être attribué à l'épuisement de ces nerfs, attendu qu'en plaçant un électrode sur le bout de périphérique de l'un d'eux et un autre sur le cœur, je provoquais une accélération de ses mouvements.

EXPÉRIENCE VIII

Prouvant que l'exaltation de la sensibilité de l'endocarde par la teinture de cantharides, annule l'action frénatrice de la galvanisation des vagues sur le cœur, tandis que l'anesthésie de cette membrane par la cocaïne en provoque l'arrêt immédiat.

Après avoir préparé, le 6 octobre 1896, un lapin comme dans l'expérience précédente, j'électrise successivement l'extrémité périphérique des vagues droit et gauche. Chaque fois il y a un arrêt du cœur et des pulsations carotidiennes qui, peu à peu, diminuent de volume et pâlissent.

J'ouvre la poitrine, mets le cœur à nu, entretiens la vie par la respiration artificielle et électrise les vagues. A chaque courant passant dans le bout périphérique de l'un d'eux, il y a arrêt brusque du cœur qui reprend ses mouvements quand le courant cesse.

Alors, après avoir suspendu la respiration artificielle pendant une vingtaine de secondes pour permettre au cœur gauche de se vider, j'injecte dans ce ventricule, avec une seringue de Pravaz, une quinzaine de gouttes d'un mélange de teinture de cantharides et de partie égale d'eau, à la température de 36°. Aussitôt, agitation générale de l'animal comme sous l'influence d'une vive douleur. Cette agitation dure un moment malgré la respiration artificielle. Je reprends l'électrisation des vagues et constate que le cœur, loin de se ralentir ou de s'arrêter, continue à battre avec énergie.

Pour faire la contre-épreuve, j'anesthésie l'endocarde en injectant dans le ventricule gauche 12 gouttes d'une solution de chlorhydrate de cocaïne au 20e. A peine l'injection a-t-elle pénétré dans le ventricule que les battements du cœur gauche s'arrêtent soudainement et complètement, tandis que le droit continue à battre, ce qui fait un contraste curieux à observer. Toutefois, si le cœur gauche s'arrête, sa fibre musculaire reste excitable ; il suffit d'appliquer les électrodes sur sa surface externe pour le faire contracter. En dehors de cette excitation il reste complètement inerte, malgré une nouvelle injection de teinture de cantharides et la continuation de la respiration artificielle. En l'ouvrant, je vois qu'il est rempli de sang coagulé ainsi que l'oreillette gauche.

EXPÉRIENCE IX

Injections successives dans le cœur d'un lapin, de solution ammoniacale, de solution de teinture de cantharides et de solution de chlorhydrate de cocaïne.

Le 17 octobre 1896, sur un lapin ayant subi la préparation ordinaire, l'électrisation de chacun des vagues cause l'arrêt du cœur. J'applique une pince sur la veine cave inférieure pour arrêter le cours du sang et fais pratiquer la respiration artificielle. Les deux ventricules diminuent de volume tout en continuant à battre, et l'animal s'agite. J'injecte dans le ventricule droit 15 gouttes d'une solution d'ammoniaque au 1/8 à 38°, et cesse la compression de la veine cave. Immédiatement les ventricules augmentent, les battements du cœur sont plus intenses, mais l'électrisation des vagues arrête le cœur.

Après avoir suspendu la respiration artificielle pendant un quart de minute, je pratique une même injection dans le ventricule gauche et constate que l'électrisation des vagues reste sans effet. Au bout de quelques minutes, nouvelle injection dans le ventricule gauche de 20 gouttes d'un mélange de teinture de cantharides et d'eau, parties égales.

La faradisation du nerf vague gauche ne produit aucun effet sur les battements du cœur ; celle du droit amène une pause qui dure à peine deux secondes, puis les battements du cœur continuent malgré le courant.

Une injection de 15 gouttes d'uue solution de chlorydrate de cocaïne au 40e dans le ventricule gauche arrête à l'instant même ses battements ; le droit continue à battre quelques instants.

EXPÉRIENCE X

Une injection de café alcoolisée à 10° dans le ventricule gauche reste sans effet contre la faradisation des vagues.

Le 20 octobre 1896, sur un canard préparé comme les lapins et ayant le bulbe sectionné, j'entretiens la vie par la respiration artificielle et observe que la faradisation des vagues arrête le cœur. J'injecte dans le ventricule gauche, 20 gouttes d'une infusion de café additionné de cognac, le tout marquant 10° à l'aéromètre de Gay-Lussac et ayant une température de 38°. Cette injection n'empêche pas l'électrisation des vagues d'arrêter le cœur en diastole. Un électrode appliqué sur l'un ou l'autre des vagues, et un autre sur le cœur causent une accélération très prononcée de ses battements.

EXPÉRIENCE XI

Injection dans le ventricule gauche d'un mélange de teinture de cantharides et d'eau. Elle ne cause pas de douleurs. La faradisation du vague droit ne produit qu'un léger ralentissement des mouvements du cœur durant à peine un quart de minute. Une injection d'un mélange réfrigérant de nitrate d'ammoniaque et d'eau cause une vive douleur et arrête le cœur en diastole.

Le 25 octobre 1896, sur un lapin ayant subi la préparation ordinaire je constate que l'électrisation des vagues arrête le cœur et j'injecte dans le ventricule gauche 20 gouttes d'un mélange à 38° de teinture de cantharides et d'eau, parties égales. Cette injection ne cause pas d'agitation chez l'animal comme dans les autres expériences ; la vie est entretenue par la respiration artificielle, et le cœur continue à battre comme avant l'injection.

L'électrisation du vague droit ne provoque dans les battements du cœur qu'un léger ralentissement qui ne se manifeste que pendant un quart de minute, puis il reprend son rythme ordinaire malgré l'électrisation ; celle du vague gauche ne produit guère d'effets marqués.

J'injecte ensuite dans le ventricule gauche 20 gouttes d'un mélange réfrigérant fait à l'instant même avec parties égales de nitrate d'ammoniaque et d'eau. Ce mélange, au moment où il a lieu, cause un abaissement de température qui peut descendre à 25°.

Pendant cette injection arrêt complet du ventricule gauche, agitation excessive de l'animal accusant une violente douleur et continuation des battements du ventricule droit. J'arrête ceux-ci par la même injection faite dans ce ventricule, mais les contractions de l'oreillette droite persistent et sont arrêtées de la même façon.

EXPÉRIENCE XII

Les effets frénateurs provoqués par la faradisation des vagues sont annulés par une injection intraventriculaire de teinture de colchique.

Le 5 novembre 1896 sur un canard ayant subi la préparation ordinaire, je sectionne le bulbe et fais pratiquer la respiration artificielle. — Voyant que l'animal s'affaiblit par suite d'hémorragie, j'ouvre rapidement l'abdomen, mets le cœur à nu par le diaphragme, constate qu'il est petit et qu'il ne bat que 20 fois par minute. J'injecte dans le ventricule gauche 15 gouttes de tienture de colchique à 38°, et observe que l'électrisation des vagues n'exerce aucune influence sur le cœur qui continue à battre de la même façon. Un électrode est appliqué sur le ventricule gauche et l'autre laissé sur un vague. Aussitôt le cœur bat avec rapidité.

EXPÉRIENCE XIII

La faradisation des vagues n'arrête plus le cœur après une injection intraventriculaire d'une mixture composée de baume de Fioraventi et d'essence de moutarde.

Le 13 décembre 1896, je prends un lapin, le prépare comme il est dit plus haut, lui ouvre la poitrine, mets le cœur à nu et entretiens la vie par la respiration artificielle. Après l'avoir suspendue pendant une vingtaine de secondes et vidé le ventricule gauche par une pression extérieure exercée sur ses parois, j'injecte dans sa cavité 20 gouttes d'une mixture à la température de 38° composée de :

Baume de Fioraventi 9 grammes.
Essence de moutarde 0,50 ctgr.

Au même instant l'animal manifeste par ses mouvements les signes d'une vive douleur, le cœur bat plus rapidement et la respiration artificielle est reprise. Alors, je faradise successivement les deux vagues sans observer aucun arrêt dans les mouvements du cœur. Ce n'est qu'après cinq minutes, lorsque l'action excitante de la mixture s'est affaiblie, que la faradisation ralentit un peu les mouvements cardiaques, sans toutefois les arrêter. En pressant le cœur avec les doigts, l'animal manifeste de la douleur.

EXPÉRIENCE XIV

Une injection intra ventriculaire d'une solution de sulfate d'atropine annule complètement l'action frénatrice de l'électrisation des vagues.

Le 20 décembre 1896, sur un lapin vigoureux, toujours préparé comme les précédents, je pratique l'ouverture de la poitrine, fais faire la respiration artificielle, constate que le cœur se contracte énergiquement et qu'il s'arrête par la faradisation de l'un ou l'autre des vagues. Après avoir suspendu la respiration pendant une vingtaine de secondes et comprimé le ventricule gauche pour le vider, j'injecte dans sa cavité 20 gouttes d'une solution à la température de 39° composée de :

Eau distillée. . . . . . 10 gr.
Sulfate d'atropine . . . . 0,05 ctgr.

Immédiatement je fais reprendre la respiration artificielle et faradise successivement les vagues. Cette faradisation ne produit aucun arrêt du cœur, qui continue à battre avec la même fréquence, comme si ces nerfs n'étaient pas électrisés. J'ai beau revenir à plusieurs reprises à la même excitation qui, chaque fois, reste absolument sans effet.

Les deux ventricules continuant à battre avec énergie, je comprime le *droit* pour le vider et lui injecte une seringue de Pravaz d'eau glacée. Aussitôt l'animal accuse par ses mouvements, de vives douleurs, et le cœur droit s'arrête immédiatement et définitivement, tandis que le gauche continue à battre.

Dans ces expériences, il importe de ne pas prendre pour des contractions les mouvements qui peuvent être communiqués à un ventricule par les contractions de son voisin.

Dans le cas présent il m'a suffi, pour m'assurer de l'inertie du ventricule droit, de le saisir entre le pouce et l'index et d'en faire autant au gauche, pour sentir qu'à chaque contraction le ventricule droit restait mou et inerte, tandis que le gauche se durcissait et agissait.

EXPÉRIENCE XV

Annulation de l'action frénatrice des vagues par une injection intra-ventriculaire d'une solution de Delphinine.

Le 31 décembre 1896, sur un lapin ayant subi la préparation ordinaire, le cœur est mis à nu, ses mouvements entretenus par la respiration artificielle et suspendus par la faradisation des vagues.

Le ventricule gauche est comprimé pour en chasser le sang ; la base l'est ensuite pour s'opposer à son alimentation. J'injecte dans le ventricule gauche une quinzaine de gouttes d'une solution à 38° ainsi composée :

Eau distillée.	8 gr.
Alcool	2 »
Delphinine	0,02 ctgr.

Au même instant violents mouvements indiquant une grande

douleur. Au moment du retrait de la canule une portion du liquide injecté s'écoule ; mais cet écoulement s'arrête en cessant la compression. En même temps les mouvements du cœur s'accélèrent. La faradisation des vagues pratiquée à plusieurs reprises, sur l'un ou l'autre nerf, ne provoque aucun arrêt du cœur qui continue à battre de la même façon.

EXPÉRIENCE XVI

Craignant que l'alcool faisant partie de la mixture n'agisse comme excitant endocardien, j'ai répété l'expérience précédente avec la même solution sans alcool.

Le 10 janvier 1897, sur un lapin ayant subi la même préparation que les précédents, j'ouvre la poitrine, fais entretenir la circulation par la respiration artificielle, et constate que le cœur s'arrête par la faradisation de l'un ou l'autre des vagues. J'injecte dans le ventricule gauche, après l'avoir comprimé pendant un quart de minute, une quinzaine de gouttes, d'une solution à 41° de :

Eau distillée, 10 grammes ;
Delphinine 0,02 ctgr.

Immédiatement l'animal témoigne, par son agitation, les signes d'une violente douleur, et le cœur se met à battre avec une rapidité tellement extraordinaire qu'il est impossible de compter ses mouvements. Alors j'électrise alternativement et à plusieurs reprises, l'un ou l'autre des vagues, sans obtenir le moindre changement dans les mouvements du cœur qui continue à battre comme s'il n'était pas électrisé.

Une injection de 20 gouttes d'une solution à 40° de :

Eau distillée 10 grammes;
Extrait thébaïque 0,30 ctgr.

ralentit les mouvements du cœur sans les arrêter.

EXPÉRIENCE XVII

Avec une solution de digitaline.

Le même jour je pratique une autre expérience dans laquelle, après avoir arrêté le cœur par la faradisation, j'injecte dans le ventricule gauche préalablement vidé, 20 gouttes d'une solution à 40° de :

Eau distillée 10 grammes ;
Digitaline 0, 05 ctgr.

Aussitôt signes d'une violente douleur, le cœur continue à battre vivement ; l'électrisation du vague droit reste sans effet, tandis que celle du gauche arrête d'abord le cœur pendant deux à trois secondes au plus, puis ralentit seulement ses battements.

EXPÉRIENCE XVIII

Injection d'une solution d'extrait thébaïque.

A la même date, sur un troisième lapin sur lequel je constate l'arrêt du cœur par l'électrisation des vagues, j'injecte dans le ventricule gauche 20 gouttes d'une solution à 40° de :

Eau distillée 10 grammes
Extrait thébaïque 0,30 ctgr.

A l'instant même signes de douleurs, le cœur s'arrête pendant quelques secondes. Cet arrêt me paraît dû à la distension que l'injection fait subir au ventricule gauche. Il reprend ensuite ses mouvements, bientôt avec une telle rapidité qu'il bat 160 fois par minute. La faradisation du vague droit ralentit les mouvements du cœur et les fait descendre à 68. — Celle du vague gauche ne cause aucun ralentissement.

EXPÉRIENCE XIX

Injection de teinture de cantharides dans le ventricule droit.

— Le 24 janvier 1897, sur un lapin toujours préparé de même, je comprime le ventricule droit et j'injecte ensuite

20 gouttes de teinture de cantharides à 41°. Aussitôt l'animal témoigne les signes d'une vive douleur par une agitation générale qui dure quelques instants. Ce ventricule se contracte avec énergie. La faradisation des nerfs vagues est absolument sans effet sur ses mouvements. Mais il est plus difficile d'apprécier les effets de l'électrisation sur le cœur gauche, attendu que les fibres communes aux deux ventricules, *fibres unitives* de Gerdy, se contractant en même temps que celles du ventricule droit, impriment au gauche des mouvements. Toutefois, j'ai remarqué que pendant la faradisation la pointe du cœur ne se soulevait pas autant, que le V. G. se laissait cacher par le droit, et que l'O. G. cessait ses battements.

EXPÉRIENCE XX

Injection d'un mélange de teinture de cantharides et d'eau dans le ventricule droit d'un coq.

Le 28 janvier 1897, après avoir constaté que la faradisation des nerfs vagues arrête le cœur, j'injecte 18 gouttes d'un mélange, parties égales, d'eau et de teinture de cantharides à 39°, dans le ventricule droit d'un coq. Cette injection cause à l'animal de vives douleurs qu'il accuse par de violents mouvements, et précipite les battements du cœur. Ceux du ventricule droit sont plus énergiques.

La faradisation ne les arrête pas ; seulement pendant le courant ceux du ventricule gauche sont plus faibles, tandis que ceux du droit conservent la même intensité.

En appliquant contre le ventricule gauche l'extrémité d'un stylet je constate que les mouvements qu'il subit sont plus faibles pendant la faradisation. Enfin, la ponction de ce ventricule donne lieu à un écoulement de sang qui sort en bavant pendant la faradisation des vagues, tandis qu'il sort en jet quand le courant est interrompu.

§ 70. — *Propositions et conclusions découlant des expériences précitées.*

Ces expériences démontrent :

1° Que l'endocarde est doué d'une vive sensibilité, attendu que les animaux en expériences, manifestent les signes d'une grande douleur aussitôt que l'injection irritante pénètre dans les ventricules ;

2° Que le grand sympathique fournit aussi au cœur des nerfs de sensibilité puisque la douleur s'accuse même après la section des deux pneumogastriques ;

3° Que toute substance anesthésiante telle qu'une solution de chlorydrate de cocaïne, de l'eau glacée, un mélange réfrigérant, arrête sur le champ en diastole, le ventricule dans l'intérieur duquel elle est injectée ;

4° Que cet arrêt se fait d'une façon identique à celui causé par l'électrisation des pneumogastriques ;

5° Qu'en exaltant l'excitabilité endocardienne par des injections intraventriculaires irritantes, non seulement on augmente la fréquence et l'énergie des battements du cœur, mais on annule complètement l'action frénatrice exercée sur ce viscère par l'électrisation des nerfs vagues ;

6° Que le cœur se comporte comme l'ensemble des organes musculaires creux, tels que l'estomac, l'intestin, la vessie, l'utérus etc., qui se contractent d'autant plus vivement, sous l'influence de l'excitation de leur membrane muqueuse, que celle-ci a été préalablement plus irritée, tandis qu'ils se paralysent lorsqu'elle est anesthésiée ;

7° Que quand l'électrisation des pneumogastriques est impuissante à arrêter le cœur dont l'endocarde gauche, par exemple, a été vivement surexcité par une injection irritante de teinture de cantharides, une injection jouissant d'un grand pouvoir anesthésiant telle qu'une solution de cocaïne arrête à l'instant même ce ventricule, tandis que le droit continue à battre.

De l'ensemble de ces faits je me crois autorisé à conclure que la faradisation des nerfs vagues arrête momentanément les battements du cœur en exerçant, *sur la sensibilité de l'endocarde, une action paralysante* dont le sang ne tarde pas à triompher par la continuité de son action excitatrice.

§ 71. — *Mécanisme de l'anesthésie endocardienne par la fadarisation des pneumogastriques.*

L'anesthésie électrique a été démontrée par Francis de Philadelphie et est employée par les dentistes, Les médecins font journellement usage avec succès des courants induits et continus contre les hyperesthésies.

Mes expériences sur les grenouilles rapportées plus haut, montrent que l'électrisation des nerfs de la sensibilité émousse et abolit celle de la peau où ils se distribuent. J'ai aussi rappelé des faits qui prouvent qu'une violente excitation de ces nerfs les paralyse momentanément et parfois définitivement.

Tout le monde sait que la sensibilité des muqueuses qui sont le siège des sens du goût et de l'odorat s'émousse et se paralyse facilement. Il suffit de fumer, ou de garder quelques instants de l'eau-de-vie ou du vinaigre dans la bouche pour ne pouvoir, immédiatement après les avoir rejetés, déguster les vins fins. Il en est de même de l'odorat dont les sensations s'abolissent rapidement par l'inspiration d'odeurs très vives.

Les individus victimes de très graves blessures tombent « dans une apathie une indifférence et une insensibilité complètes . . . .
Les incisions et les opérations les plus graves n'arrachent aux blessés aucun signe de douleur (1) »

Si, en présence de ces faits qui démontrent qu'une violente excitation des nerfs de la sensibilité abolit leur propriété pour un temps variable, l'on veut bien se rappeler que les nerfs cardiaques émergeant des pneumogastriques contiennent des filets

(1) Dupuytren, *Clinique chirurgicale*, t. II, page 461.

nerveux sensibles, ainsi que le prouve la sensibilité du nerf dit *dépresseur* de Cyon qui en provient, filets qui se rendent en quantité dans l'endocarde sous forme de tubes nerveux à contours foncés, l'on ne s'étonnera plus que la vive excitation des pneumogastriques abolisse momentanément la sensibilité de cette membrane. Comment l'abolit-elle ? Est-ce en agissant sur le protoplasma des cellules épithéliales de l'endocarde à la façon de l'éther sur les cellules animales et végétales dont le protoplasma perd sa transparence ainsi que l'a soutenu Cl. Bernard, puis la reprend avec retour de la sensibilité lorsque l'éther s'est évaporé (1)? Ce sont là des faits intimes que je ne suis pas à même d'élucider. Ce qui est certain, c'est le fait de l'abolition de l'excitabilité endocardienne, et de la faculté de transmettre à la fibre musculaire sous-jacente, l'impression de l'excitant physiologique des mouvements du cœur.

Toutefois, cette action anesthésique de la faradisation des nerfs vagues ne se manifeste qu'autant que l'excitabilité de l'endocarde est à l'état normal. Si l'on vient à surexciter cette membrane par des injections intraventriculaires irritantes, comme je l'ai fait dans les expériences précitées, alors la faradisation des vagues est impuissante pour abolir la sensibilité de l'endocarde devenue plus irritable. Dans ces cas, il faut un anesthésique à action plus intense telle que la cocaïne.

Ce fait n'a rien de surprenant attendu qu'il est l'expression d'un fait pathologique général. En effet, il est bien connu que toute membrane irritée, enflammée, est fort sensible; qu'elle devient très douloureuse à la moindre excitation; et que pour calmer son excitabilité et sa sensibilité, il faut employer les moyens anesthésiques à des doses plus élevées, que pour insensibiliser localement la peau ou une muqueuse à l'état normal.

J'ai dit plus haut qu'en perdant sa sensibilité, l'endocarde perdait aussi la faculté de transmettre l'impression de l'exci-

(1) *La Science expérimentale*, page 235, Paris 1878

tant sanguin aux fibres musculaires sous-jacentes. Affirmer ce fait, c'est soutenir que le sang excite médiatement les contractions du myocarde par l'intermédiaire de l'endocarde, et que si les ganglions et les nerfs intra-cardiaques jouent un rôle dans cet acte physiologique, il n'est qu'accessoire et non fondamental. C'est ce que mes expériences démontrent. Pour en être convaincu, il suffit de remarquer que dans ces expériences, une injection de cocaïne ou d'un mélange refrigérant dans le ventricule gauche arrête ses mouvements tandis que ceux du ventricule droit continuent ; par contre une injection d'eau glacée dans ce ventricule arrête aussi ses mouvements, mais ceux du gauche persistent.

J'ai voulu aussi savoir si, après avoir excité un endocarde par une injection irritante, la faradisation des nerfs vagues, tout en restant sans action sur le ventricule irrité, n'arrête pas celui qui n'a pas subi d'injection. Dans les nombreuses expériences que j'ai faites, préoccupé de rechercher quels sont les agents irritants qui s'opposent à l'action paralysante de la faradisation des vagues, je ne m'étais pas attaché à résoudre cette question. Ce n'est que dans les expériences XIX et XX que j'en ai cherché la solution par des injections irritantes dans le venticule droit. Elles ne m'ont pas donné des résultats bien satisfaisants, sans doute parce que l'agent irritant, entraîné par la circulation, a pu porter son action sur l'endocarde gauche. En voici une autre qui m'a donné satisfaction.

EXPÉRIENCE XXI

Injection irritante dans le ventricule gauche. La faradisation des nerfs vagues, sans action sur ce ventricule, paralyse le droit.

Le 4 février 1897, sur un lapin toujours préparé de même, j'injecte 20 gouttes d'un mélange, parties égales, de teinture de cantharides et d'eau à 39° dans le ventricule gauche. L'animal accuse de la douleur et les battements du cœur s'accélèrent. La faradisation des vagues qui avait arrêté le cœur avant l'injection, reste sans effet sur le ventricule gauche ; mais je remarque que pendant ses contractions les parois du ventricule droit restent flasques et plissées, bien que l'oreillette correspondante continue à se contracter. En pinçant les parois de ce ventricule on ne sent aucune impression pendant le passage du courant, tandis qu'en l'interrompant on éprouve une sensation de contraction. Les contractions de l'oreillette sont plus faibles pendant le courant.

Si l'arrêt, par anesthésie endocardienne, des mouvements d'un ventricule, était dû à une paralysie des nerfs de la sensibilité ayant pour rôle de conduire aux ganglions intra-cardiaques une excitation réflexe motrice, les deux ventricules s'arrêteraient en même temps, quel que soit l'endocarde anesthésié, attendu que chacun d'eux ne possède pas un appareil nerveux distinct et spécial. Mais, comme il n'y a que le ventricule ou l'oreillette dont l'endocarde est anesthésié qui s'arrête, il faut nécessairement conclure que l'excitation motrice se communique directement de la membrane endocardienne à la couche musculaire sous-jacente.

Toutefois, il est deux conditions qu'il importe de ne pas méconnaitre dans l'étude de cette question : la première a trait au degré d'excitabilité du cœur et à la diffusion plus ou moins facile de l'action excitante. Ainsi, dernièrement, en expérimentant sur une chèvre, il me suffisait de presser entre les doigts l'un ou l'autre ventricule pour provoquer, dans celui pressé et dans le congénère, des mouvements extrêmement rapides, même après la section des nerfs vagues. Seulement, en approchant de la mort de l'animal, l'excitation produisait des effets moins durables et ne se communiquait qu'incomplètement au ventricule non excité.

La seconde est relative au plus ou moins d'intensité de l'action paralysante. Ainsi, la cocaïne a une action paralysante tellement prononcée que l'excitation du ventricule respecté ne se communique pas à celui qui a subi l'injection ; il reste immobile, ou n'obéit qu'à des excitations électriques très fortes. C'est ce qui fait le danger de cet empoisonnement.

Il n'en est pas de même de la paralysie provoquée par la faradisation des vagues. Celle-ci est moins intense et a moins de durée. Aussi, lorsqu'un ventricule a été fortement excité par une injection irritante, il n'est pas toujours possible d'arrêter son congénère par la faradisation de ces nerfs. Il y a là une sorte de lutte dont le succès appartient à l'action la plus puissante.

CHAPITRE X

ROLE DU GRAND SYMPATHIQUE DANS LES FONCTIONS DU CŒUR. SA SUBORDINATION AUX CENTRES NERVEUX SOUS LE RAPPORT DE SON INNERVATION SENSITIVE. INDÉPENDANCE NERVEUSE MOTRICE DU CŒUR. SON INNERVATION INTRACARDIAQUE.

§ 72. — *Le grand sympathique n'exerce aucune excitation motrice directe sur les mouvements du cœur.*

Ce nerf fournit au plexus cardiaque un plus grand nombre de rameaux nerveux que le pneumogastrique. Bien des physiologistes ont tenté vainement de ranimer les mouvements du cœur ou de les accélérer, en excitant mécaniquement ou en électrisant les filets cardiaques sympathiques. Cependant, de Humboldt rapporte qu'ayant retiré le cœur de la poitrine d'un renard et de deux lapins, il aurait provoqué des contractions plus fortes et plus rapides en électrisant l'un des nerfs cardiaques. Mais, cette expérience mérite, comme l'écrit Bouillaud, confirmation (1).

Malgré l'avis contraire des anciens physiologistes, aujourd'hui l'action motrice du grand sympathique sur le cœur n'est plus mise en doute. L'on a même qualifié de nerfs *accélérateurs* les filets nerveux qui jouiraient du privilège de porter au cœur l'excitation motrice, par opposition aux *frénateurs* du pneumogastrique qui exerceraient une action contraire.

En faisant plus haut, page 133 et suiv., l'examen critique de la théorie des nerfs dits *accélérateurs*, je me suis assez étendu sur ce sujet pour qu'il soit inutile d'y revenir. Aussi, je me

(1) *Traité clinique des maladies du cœur*, t. Iᵉʳ, p. 101, Paris, 1835.

bornerai à rappeler que l'excitation de ces nerfs, ou celle de leurs centres d'origine, n'accélèrent les mouvements du cœur que d'une façon indirecte, par les changements qu'elles apportent dans son alimentation et son débit, comme cela a lieu par la simple pression de la main exercée sur un dynamomètre; et je soutiens qu'aucune expérience précise ne démontre l'action motrice du grand sympathique sur le cœur.

§ 73. — *Le grand sympathique fournit au cœur des nerfs vaso-moteurs.*

Les filets nerveux provenant du plexus cardiaque se distribuent au cœur en suivant ses vaisseaux dans les parois desquels un certain nombre se perdent. Pour établir l'action de ces nerfs, j'ignore s'il a été tenté des expériences ayant donné des résultats bien appréciables. Toutefois, en raison de leur origine et de leur mode de distribution, on peut soutenir que le grand sympathique fournit au cœur des nerfs exerçant sur ses vaisseaux une action motrice, attendu qu'il est évident qu'en ces sortes de matières, une identité d'origine, de structure et de terminaison, implique une identité de fonction.

§ 74. — *Le grand sympathique fournit au cœur des filets sensibles qui expliquent son arrêt par leur électrisation.*

Le grand sympathique donne au cœur, comme le pneumogastrique, des nerfs sensibles. Le fait est d'une telle évidence qu'il ne peut être révoqué en doute. Il suffit de sectionner les nerfs vagues, d'injecter dans les ventricules des solutions irritantes, comme je l'ai fait dans les expériences précitées, pour être témoin d'une agitation violente et générale qui, par son mode de manifestation subite, ne peut être que l'expression d'une vive douleur éprouvée par l'animal.

Ce fait explique comment l'excitation énergique des nerfs cardiaques, émergeant du grand sympathique, provoque l'arrêt du cœur comme si elle portait sur les nerfs vagues. Je sais que ce fait est nié par plusieurs physiologistes, qui, je pense, raisonnent en vue de justifier une idée préconçue consistant à considérer les nerfs vagues comme des *frénateurs* et les filets cardiaques du grand sympathique comme des *accélérateurs*, sans réfléchir que chez la grenouille, par exemple, le cœur n'est animé que par le pneumogastrique.

Cependant, quelle que soit l'harmonie réflétée par l'édification d'une théorie, il faut avant tout s'en rapporter aux faits, surtout lorsqu'ils sont d'*ordre positif*. Or, d'autres physiologistes ont constaté l'arrêt du cœur par des courants énergiques sur les nerfs cardiaques *intacts* ou sur les *bouts périphériques* de ces nerfs coupés. « Lorsque, écrit Béclard, la source d'excitation est d'une grande énergie, et qu'elle est appliquée soit sur les nerfs cardiaques *intacts* soit sur le *bout central* (1) de ces nerfs, l'application du courant détermine des effets analogues à l'excitation violente du nerf pneumogastrique, c'est-à-dire qu'il survient un ralentisssement ou même un arrêt momentané du cœur. Une violente excitation des filets de communication du grand sympathique avec l'axe cérébro-spinal, une violente excitation de la moelle cervicale produisent les mêmes effets (2) ».

Cet arrêt doit être expliqué par le même mécanisme que celui provoqué par la faradisation des vagues, c'est-à-dire par une paralysie momentanée de l'excitabilité de l'endocarde.

§ 75. — *Remarque sur la paralysie de l'endocarde provoquée par la faradisation de l'un ou l'autre des deux nerfs sensibles du cœur.*

On peut objecter à ma thèse comment il se fait, puisque le cœur est animé de nerfs sensibles émergeant de deux sources

(1) Il faut lire *périphérique*, car il est évident, d'après ce qui précède et suit ce passage et d'après ce qui est dit au § 112 de l'ouvrage, qu'il y a erreur.

(2) Béclard, *Traité de physiologie*, p. 1068, Paris, 1866.

différentes, qu'il suffit de faradiser le pneumogastrique ou les filets cardiaques du grand sympathique pour anesthésier l'endocarde ? Il est facile de répondre à cette objection en faisant remarquer que les filets nerveux émanés du pneumogastrique et du grand sympathique se fusionnent dans le plexus cardiaque, et que les tubes nerveux des uns s'accolent à ceux des autres. Il résulte de cette disposition anatomique que quand l'un des nerfs est excité il se passe, en vertu de la force *électro-tonique*, un phénomène analogue à celui que Dubois-Reymond a désigné sous le nom de *contraction paradoxale*, c'est-à-dire, que les tubes nerveux excités communiquent par voisinage leur excitation à ceux qui ne l'ont pas été directement, et leur impriment un état moléculaire identique exerçant une même action anesthésiante sur l'endocarde.

§ 76. — *Le cœur dépend des centres nerveux sous le rapport de son innervation sensitive. Effets de cette sensibilité sur ses mouvements.*

Soutenir que sous le rapport de la sensibilité consciente le cœur est soumis à l'activité des centres nerveux, c'est émettre une de ces vérités évidentes par elles-mêmes, attendu que le siège de la conscience réside dans les couches corticales du cerveau. De plus, c'est affirmer que le cœur est le siège d'une sensibilité consciente ainsi que je l'ai prouvé plus haut; c'est montrer que l'organe le plus important de l'économie se trouve, comme tous les autres, sous l'action tutélaire de cette sentinelle vigilante qui assure la conservation de l'individu : j'ai nommé la douleur!

Cette relation sensitive cardio-cérébrale est un fait physiologique trop important pour que je ne m'y arrête pas un instant. J'ai rappelé plus haut que la faradisation énergique des bouts périphériques du pneumogastrique et du grand sympathique, nerfs mixtes qui fournissent des nerfs sensitifs au cœur, provoquent son arrêt ; et j'ai démontré que cet arrêt est dû à une paralysie momentanée de l'endocarde.

J'ai aussi mentionné qu'une *excitation faible* des mêmes nerfs accélère le cœur. Tout en expliquant cette accélération par des changements apportés dans l'alimentation et le débit des ventricules, je ne dois pas taire qu'il est possible, et même presque certain, qu'alors entre en jeu un troisième facteur représenté par une excitation faible des nerfs sensibles du cœur, ayant pour effet d'augmenter la sensibilité de l'endocarde.

Ce fait n'aurait d'ailleurs rien d'extraordinaire, attendu que l'on sait qu'un même excitant exalte ou paralyse les propriétés vitales, suivant qu'il est employé à faible ou à forte dose.

Ce rapport, de sensibilité consciente du cerveau avec le cœur aurait pour effet d'agir indirectement sur ses mouvements, en excitant ou en paralysant la sensibilité de l'endocarde.

Cette grave et importante question sera étudiée ultérieurement, dans un travail déjà indiqué sur le *mécanisme de l'influence des passions sur le cœur.*

Pour le moment je m'arrête sur l'influence que la sensibilité cardiaque, consciente ou non, exerce par voie cérébro-spinale, volontaire ou réflexe, sur le fonctionnement du cœur.

A. — *L'hypertension du cœur droit provoque, par voie réflexe, de fortes inspirations destinées à favoriser son débit.*

A cet égard, je pense qu'une vive irritation de l'endocarde droit par un excès de sang excite le besoin de respirer ; que ce besoin s'exécute, volontairement ou par voie réflexe, suivant que la sensation parvient aux régions conscientes ou qu'elle ne dépasse pas le bulbe ; et qu'il a pour but de favoriser le débit du cœur droit en provoquant la dilatation des poumons. Ce qui me fait soutenir cette thèse c'est que la dilatation de l'oreillette droite, surtout quand elle est prompte, excite vivement le besoin de respirer, tandis que ce besoin s'affaiblit lorsque l'on diminue la quantité de sang qu'elle contient.

Déjà, page 221 de mes *recherches sur les lois de la circulation pulmonaire, etc.*, j'avais soulevé cette question en inclinant vers l'affirmative. Je disais qu'il suffit de tirer très-peu de sang par une ouverture de la jugulaire externe, pour diminuer le volume de l'oreillette droite ainsi que la dyspnée.

Depuis, j'ai remarqué qu'il est facile, dans les embarras de la circulation cardio-pulmonaire, d'affaiblir ou d'exciter le besoin de respirer, en diminuant ou en augmentant le volume du cœur droit. Il suffit, pour cela, d'appliquer à la racine des quatre membres des ligatures suffisamment serrées pour arrêter la circulation veineuse. Presqu'aussitôt l'oreillette droite se resserre et le sujet accuse une respiration plus facile. Si, après avoir laissé en place ces ligatures pendant une dizaine de minutes, on les fait enlever brusquement et à la fois, immédiatement le sang afflue dans l'oreillette droite qui se dilate ; le malade se plaint d'une gêne de la respiration d'autant plus grande que l'oreillette est plus dilatée, et se livre à de profondes inspirations.

Les mêmes phénomènes se produisent alors même que les ligatures sont mises sur un sujet qui respire facilement. J'ai rapporté à cet égard, une observation intéressante, page 56 de *mes recherches sur l'activité de la diastole ventriculaire.*

B. — *L'hypertension du cœur gauche provoque, par voie réflexe, une contraction des poumons, ayant pour effet de modérer son alimentation.*

En faisant la critique des nerfs dits *dépresseurs* de la circulation, j'ai examiné plus haut, page 146 et suivantes, si ces nerfs ne doivent pas être considérés plutôt comme des nerfs régulateurs de l'alimentation du cœur gauche.

Des expériences et des études auxquelles je me suis livré, il résulte que l'hypertension du ventricule gauche a pour effet de provoquer, par voie reflexe, la contraction des poumons et de leurs vaisseaux ; par conséquent, de modérer la circulation pulmonaire et de diminuer momentanément l'alimentation du cœur gauche.

Je ne reviendrai pas davantage sur cette question déjà étudiée. Seulement, je ferai remarquer que, d'après la théorie que j'expose, la sensibilité de l'endocarde favoriserait par voie réflexe, le fonctionnement du cœur en agissant sur le poumon : *en le dilatant pour favoriser le débit du ventricule droit distendu; en le contractant pour diminuer l'alimentation du ventricule gauche trop dilaté.*

§ 77. — *Indépendance nerveuse motrice du cœur.*

Le titre de ce paragraphe est une conclusion qui s'impose après la lecture de ce travail où il est démontré :

1° Que le cœur fonctionne avant l'apparition des nerfs, et en l'absence du cerveau et de la moelle épinière ;

2° Que ses battements continuent même après avoir rompu toutes ses communications avec le système nerveux ;

3° Que les modifications que l'on apporte dans ses mouvements, tels que fréquence, ralentissement, intensité, faiblesse, arrêt, en agissant sur les nerfs cardiaques ou sur diverses parties des centres nerveux, ne sont que la conséquence de changements provoqués dans l'alimentation et le débit des deux cœurs, ou dans sa sensibilité et son excitabilité.

4° Qu'il n'est pas possible d'accélérer ou de ranimer les contractions du cœur, en excitant les nerfs qui s'y rendent comme on le fait pour les autres muscles de l'économie.

Il reste à objecter à cette conclusion pourquoi, si le cœur est indépendant de la puissance nerveuse motrice, se montre-t-il si éminemment sensible à l'empire des passions par les modifications qu'elles lui font subir dans son rythme ?

Cette objection, qui avait déjà été faite à Haller et qui constitue « *le véritable nœud de la difficulté dans la controverse dont il s'agit* », comme l'a très bien dit Percy dans son rapport à l'Institut sur le travail de Le Gallois, ne m'embarrasse nullement.

D'abord, je fais intervenir dans les causes des battements

du cœur une série de conditions qu'Haller avait passé sous silence ; ensuite, je ne méconnais pas l'influence de l'innervation sensible du cœur.

Quant à l'influence des passions sur ses mouvements, j'en explique facilement le mécanisme, dans un ouvrage en voie de préparation, par les modifications que les passions apportent dans l'alimentation et le débit du cœur ainsi que dans sa sensibilité.

D'ailleurs, il n'est pas admissible que le cœur soit un organe *dépendant sous le rapport de la motilité,* attendu que pendant l'évolution vitale, il commence à battre alors qu'il n'y a ni nerfs ni centres nerveux ; et qu'il ne cesse de fonctionner qu'après l'extinction de l'activité du système nerveux. En un mot, c'est lui qui ouvre et ferme la scène de la vie !

§ 78. — *Innervation intra-cardiaque.*

Par innervation intra-cardiaque j'entends parler du rôle physiologique qui appartient aux ganglions du cœur et aux nerfs de ce viscère en communication avec ces ganglions.

Des physiologistes, voulant absolument que le cœur ne puisse se contracter sans la puissance nerveuse, se sont appuyés sur ses ganglions pour expliquer la continuité de ses battements, alors qu'il a été arraché de la poitrine. De plus, c'est à ces ganglions que seraient dus les mouvements rythmiques du cœur. D'après les expériences de Stannius, toute portion du cœur séparée des ganglions cardiaques resterait immobile, tandis que celles qui y restent attachées continuent leurs pulsations.

Selon d'autres expériences rapportées par François Franck (1), la pointe du cœur séparée de l'animal donne des contractions rythmiques, sous l'influence d'excitations électriques ou du sang défibriné.

Que conclure d'expériences aussi contradictoires, surtout

(1) D[re] *Encyc. des Sc. méd.* art. grand sympathique, p. 15. Paris 1884,

que d'après celles de Stannius, quelques physiologistes admettent dans le cœur des ganglions d'*arrêt* et des ganglions *accélérateurs*, alors que je viens de démontrer ce qu'il faut penser des nerfs *accélérateurs* et *frénateurs*, et que chez l'embryon le cœur bat d'une façon rythmique en l'absence de tout élément nerveux ?

Evidemment, en présence de faits qui conduisent à des conclusions si opposées, il faut absolument réserver son assentiment. Sans nier que les ganglions et nerfs intra-cardiaques ne soient un appareil de perfectionnement destiné à transmettre *en partie* les impressions endocardiennes aux fibres musculaires du cœur, on ne peut méconnaître que cet appareil n'est pas indispensable, attendu que chez l'embryon le cœur bat, sans la présence de nerfs, sous l'influence de l'excitant sanguin ; que chez l'adulte l'anesthésie d'un encordarde arrête les mouvements du ventricule correspondant tandis que ceux du congénère continuent ; et que chez l'animal en expérience il est facile, comme l'a démontré Haller, de changer l'ultimum moriens, et de faire qu'un des cœurs continue à battre alors que les mouvements de l'autre sont éteints.

Evidemment, tout en reconnaissant aux deux cœurs une certaine solidarité en raison de leur structure musculaire, ces contractions isolées que je signale ne se produiraient pas si le cœur possédait en lui-même un appareil nerveux présidant à ses mouvements. Aussi, faut-il revenir à l'opinion d'Aristote qui a attribué les battements du cœur à une *vertu pulsifique* résidant dans sa substance, ce qui revient à dire que le cœur bat en raison des propriétés éminemment excitables et contractiles inhérentes aux éléments anatomiques qui le constituent.

TABLE DES MATIÈRES

CHAPITRE III.

CHAPITRE IV.

ARTICLE I.

ARTICLE II.

ARTICLE III.

ARTICLE IV.

ARTICLE VIII.

(1) Par suite d'une erreur de numérotage, on a passé du chapitre IV au chapitre VI, de même pour les articles IV à VII du chapitre IV.

CHAPITRE VII.

CHAPITRE VIII.

ARTICLE I.

ARTICLE II.

ARTICLE III.

CHAPITRE IX.

ARTICLE I.

ARTICLE II.

ARTICLE III.

CHAPITRE X.

Arras : Imprimerie Sueur-Charruey, rue des Balances, 10.

A LA MÊME LIBRAIRIE

OUVRAGES DU MÊME AU[illegible]

Arras : Imp. Sueur-Charruey, rue des Balances, 10.

www.ingramcontent.com/pod-product-compliance
Ingram Content Group UK Ltd.
Pitfield, Milton Keynes, MK11 3LW, UK
UKHW012021240726
13965UKWH00002B/502